MACHINE-ESPRIT

ALAIN PROCHIANTZ

MACHINE-ESPRIT

© ÉDITIONS ODILE JACOB, JANVIER 2001
15, RUE SOUFFLOT, 75005 PARIS

www.odilejacob.fr

ISBN : 978-2-7381-0916-3

Le Code de la propriété intellectuelle n'autorisant, aux termes de l'article L.122-5, 2° et 3° a, d'une part, que les « copies ou reproductions strictement réservées à l'usage privé du copiste et non destinées à une utilisation collective » et, d'autre part, que les analyses et les courtes citations dans un but d'exemple et d'illustration, « toute représentation ou reproduction intégrale ou partielle faite sans le consentement de l'auteur ou de ses ayants droit ou ayants cause est illicite » (art. L. 122-4). Cette représentation ou reproduction, par quelque procédé que ce soit, constituerait donc une contrefaçon sanctionnée par les articles L. 335-2 et suivants du Code de la propriété intellectuelle.

L'anature de l'Homme

Nul ne peut nier la singularité des organismes vivants. L'étude de ces objets à la fois matériels et chargés d'histoire demande qu'on se penche sur les différents niveaux d'organisation où s'inscrit cette histoire : molécules, génomes, cerveaux, individus, espèces, organisations sociales, cultures, etc. La boîte de Pandore est ouverte. Et chacun aura quelque chose à dire. Parce que chacun est partie prenante de ce drame qui, pour reprendre l'expression de Konrad Lorenz, place l'Homme dans le fleuve du vivant, mais aussi dans la glaise du monde inorganique à laquelle nous sommes rattachés par nos origines prébiotiques et par les matériaux de notre construction. Il semble alors inéluctable que les frontières s'effondrent et que la biologie ouvre en grand les portes de la pluridisci-plinarité, permettant ainsi à chacun d'apporter sa contribution à une connaissance globale de la Nature et de l'Homme.

Tous sont aujourd'hui convaincus du bien-fondé

de cette démarche multidisciplinaire même si, pour certains, le but parfois clairement affiché est de réduire toutes les disciplines à une seule, la leur de préférence. Pour les avoir pratiquées, je crois, personnellement, au caractère profitable des interactions entre disciplines distinctes et, pour cette raison même, à la nécessité de maintenir des champs disciplinaires autonomes. C'est pourquoi il m'a paru utile de poursuivre, à travers une étude historique, mais aussi à l'aide des données les plus récentes de ma discipline, une réflexion sur la place de la biologie, son histoire et le rapport de proximité, souvent conflictuel mais indispensable et fructueux, qu'elle entretient avec les autres disciplines. Parmi celles-ci, certaines relèvent des sciences dites dures : physique, chimie, mathématiques. Les autres, qui ne sont pas molles pour autant, sont rangées dans la catégorie des sciences humaines, comme l'anthropologie ou la sociologie.

Le rapport de la biologie avec les mathématiques ou la physique est mal apprécié. Il existe, cependant, à travers une tradition illustrée entre autres par D'Arcy Thompson et Alan Turing. Cette branche des mathématiques qui traite du vivant se poursuit aujourd'hui selon deux voies. D'une part, dans la lignée de D'Arcy Thompson, elle s'ouvre sur une approche physicaliste de la matière vivante grâce à l'intérêt que les physiciens de la « matière molle » portent aux structures biologiques. Leurs outils – pinces optiques, lasers, pinces magnétiques, sondes fluorescentes, etc. – leur permettent de travailler à l'échelle moléculaire, c'est-à-dire à celle de la molécule unique. Non seulement cela permet d'élucider certaines propriétés physiques de la matière vivante, mais aussi de résoudre des questions de pure biologie qui étaient, avant leur intervention, inaccessibles à l'expérience. D'autre part, à la suite des travaux de Turing et de von Neumann s'est développée une branche computationnelle des sciences cognitives qui fabrique ou calcule des « machines qui pensent » et qui offre des modèles de cerveau utilisés par les physiologistes.

Une partie substantielle de ce livre est consacrée à ces deux mathématiciens et philosophes dont les personnalités atypiques inspirent à la fois la sympathie et le respect. Turing présente un intérêt particulier. Inventeur du concept d'ordinateur, il contribua pendant la Seconde Guerre mondiale au déchiffrement du code Enigma utilisé par l'Amirauté allemande, sauvant ainsi du blocus l'Angleterre et une partie du monde libre. Si son cas a attiré l'attention de Jean-François Peyret, qui a successivement écrit et mis en scène, à Bobigny, deux pièces construites autour du mathématicien, ce n'est pas uniquement parce que, contraint à la castration chimique pour homosexualité et se donnant la mort, à 42 ans, en croquant telle Blanche-Neige une pomme empoisonnée, Turing est un sujet d'une grande intensité dramatique. C'est aussi parce que, inventeur de la machine-esprit, il est à la fois un grand philosophe de l'esprit et un biologiste à qui l'on doit une réflexion approfondie sur le concept de morphogène. Les œuvres de D'Arcy Thomson et Alan Turing ouvrent en effet toutes deux sur des questions de morphogenèse et annoncent la notion de gène de développement. C'est, en tout cas, le point de vue qui sera défendu ici dans le contexte d'une analyse des rapports entre biologie, mathématiques et physico-chimie.

Tout, en biologie, ne saurait cependant se régler au seul niveau de l'analyse physique des phénomènes. Car si le mécanisme vivant peut se retrouver objet d'étude de la physique et de la chimie, les choses ne tardent pas à se compliquer en raison du caractère historique de l'évolution des espèces et du développement des individus. Pour exposer les points de vue les plus actuels sur la formation du cerveau, je suis revenu sur le concept de gène et la façon dont il s'est constitué au cours des cent cinquante dernières années. J'ai insisté sur l'idée que ni lui ni la génétique moléculaire ne sont nés d'hier, ni surtout en 1944 par la seule grâce des réflexions de Schrödinger dans *Qu'est-ce que la vie ?*, même si ces réflexions, prolongées par celles de Léon Brillouin dans *Vie, matière et information*, auront des répercussions importantes sur notre façon de concevoir le génome comme molécule informative. En revanche, au risque de décevoir certains lecteurs, l'impasse a été faite sur la conception qu'a Roger Penrose d'un cerveau quantique tant la théorie qui permettrait de comprendre l'importance éventuelle des phénomènes quantiques dans le fonctionnement d'un cerveau semble encore éloignée. À travers ce rappel historique sur le concept de gène, j'ai tenté de montrer son hétérogénéité et de convaincre que tous les gènes ne sont pas égaux, les gènes de développement constituant, pour ce qui est de la morphogenèse, une classe d'une importance toute particulière.

C'est à partir des gènes de développement et, plus précisément, de la sous-classe des homéogènes, que sont exposées les grandes étapes de la construction du cerveau, depuis le tout début de la tête jusqu'à l'âge adulte. En effet, l'idée que le cerveau est un organe achevé, irrémédiablement, à la fin de la puberté est morte. Cela permet d'inscrire l'histoire de l'individu dans un renouvellement et une modification permanents de la matière cérébrale et de rapprocher les processus évolutifs qui caractérisent l'histoire des espèces et celle des individus. Dans les deux cas, le processus est sans fin, jusqu'à la mort de l'individu ou l'extinction de toute vie sur Terre, et, surtout, sans finalité.

De ce fait, la biologie se trouve à la fois plongée dans l'étude des mécanismes, mais aussi, et nécessairement, dans celle de l'aspect temporel et évolutif du vivant. La difficulté d'analyser un objet qui toujours change peut se résoudre, au moins provisoirement, par l'élucidation des conditions universelles d'existence des singularités que sont les individus biologiques ou les espèces, et aussi par la mise au jour des mécanismes de l'évolution des espèces et de l'individuation des individus. Chaque individu biologique étant, jusqu'à sa mort, le produit inachevé de sa propre histoire, comprendre l'individuation, c'est comprendre comment le vécu s'inscrit dans une structure vivante. On ne saurait donc, pour étudier le vivant, séparer l'individu biologique de son adaptation au milieu, c'est-à-dire, et au sens large, de son histoire et de sa culture. Ce rapport adaptatif de l'individu vivant à son milieu m'a servi, en contrepoint des réflexions de Turing, de définition purement biologique de la pensée et m'a permis de poser une frontière entre les sciences biologiques et les sciences humaines.

En effet, ce terme de culture qui vient d'être avancé, même si on ne peut le limiter à la seule espèce humaine, indique bien le point de contact entre la biologie et les sciences humaines, principalement l'anthropologie et la sociologie. Là encore, comme dans le cas des mathématiques et de la physico-chimie, les bords sont flous, et nombreux sont ceux prêts à envisager, pas seulement pour les primates, une sorte d'anthropologie animale dont le pendant serait une éthologie humaine. Une telle entreprise puise sa légitimité dans l'histoire évolutive, l'Homme ne pouvant ignorer son animalité. L'évolution ne concerne pas seulement, en effet, les traits physiques, mais aussi les structures psychologiques et les organisations en sociétés animales. Cette conception gradualiste ne prend peut-être pas toute la mesure de la rupture avec la nature que constitue l'émergence de l'espèce humaine ; par là, elle ouvre sur la sociobiologie, discipline récemment popularisée à travers les talents scientifiques et littéraires d'Edward O. Wilson et de Richard Dawkins, principalement. Le débat idéologique ainsi initié, et qui se poursuit, a souvent été vécu sous la figure simplificatrice du « pour ou contre le darwinisme social », c'est-à-dire pour ou contre une idéologie qui ferait reposer sur des faits de nature des inégalités sociales ou culturelles. Ce débat est évidemment important, mais il en cache un autre, non moins décisif, celui de l'unicité des savoirs, titre du dernier ouvrage de Wilson, ou, au contraire, de leur diversité. Allons-nous à terme vers une suppression de la distinction entre sciences humaines et sciences biologiques, ces dernières ayant pour horizon positif une insertion dans les sciences physiques ?

Dès lors que semblent ainsi se brouiller les frontières entre les humains et les non-humains, voire entre le biologique et le physique, on ne pourra pas, en effet, ne pas prêter attention à différentes entreprises scientifiques qui se donnent pour but de penser globalement l'Homme, ou tout vivant, dans une acception de l'idée de nature englobant aussi la culture. Parmi ces courants de pensée s'inscrivent, de façons différentes et même parfois contradictoires ou antagonistes, certaines branches des sciences cognitives, l'écologisme politique d'un Bruno Latour ou la tentative sociobiologique. Au-delà de leurs différences et même des rapports d'hostilité, académiques et policés, qu'elles peuvent entretenir, on peut donc se demander si ces diverses approches, au lieu de considérer l'aventure interdisciplinaire comme un effort concerté et éminemment souhaitable de différents champs historiquement et théoriquement structurés, ne travaillent pas, en fait, à un effacement des frontières entre disciplines. Que ce soit pour physicaliser ou biologiser les sciences humaines ou, à l'inverse, pour humaniser les sciences biologiques ou physiques.

Après tout, dira-t-on, les sciences ne sont pas des entités naturelles, mais des constructions historiques. Partant, elles ne sont pas figées une fois pour toutes à l'intérieur de leurs frontières. Celles-ci peuvent bouger, voire s'effacer. Des disciplines nouvelles peuvent naître, d'anciennes peuvent péricliter et mourir. Il reste qu'une pièce importante du débat pourrait se trouver dans une meilleure évaluation de l'étrangeté de la biologie, science charnière et contradictoire, à la fois physique et historique. Même si nous sommes des animaux (qui pourrait le nier ?), même si nous sommes cousins des arthropodes – mouches et homards –, cette parenté ne signifie pas que nous sommes du même collectif, pour reprendre le terme proposé par Bruno Latour. En effet, chaque individu qui naît a une infinité de destins individuels possibles, mais cette infinité reste inscrite dans un ensemble défini par l'appartenance à l'espèce. Sauf si la génétique venait à s'en mêler, et nous avons du chemin à faire, un singe restera singe et différent d'un homme, quels que soient les liens de parenté qui unissent les deux espèces. La raison de ces différences est évidemment à rechercher dans les gènes, mais pas dans n'importe lesquels : dans ceux qui programment les stratégies de développement et qui laissent une part plus ou moins grande à l'histoire individuelle dans la construction, c'est-à-dire dans l'adaptation de l'individu, tout au long de sa vie. Parce que les limites au processus d'individuation dépendent de l'appartenance à l'espèce, il n'y a pas d'égalité en individuation entre individus d'espèces différentes.

De ce point de vue, l'Homme, par les capacités développementales de son cerveau, la machine-esprit de Turing, occupe une place unique. Je dirai qu'il est dans sa nature humaine d'échapper à la nature ; d'être, ainsi que je l'ai proposé dans *La Biologie dans le boudoir,* comme « anature ». L'ouvrage qui suit se propose de livrer à la curiosité et à la sagacité du lecteur quelques pièces de ce dossier.

CHAPITRE PREMIER

Il y a gènes et gènes

Le concept de gène est ancien et trouve son origine au milieu du XIXᵉ siècle. L'élucidation de la nature chimique des gènes est une longue histoire qui ne trouve sa conclusion partielle qu'à la fin des années 1940. La génétique formelle, dont le pionnier est Morgan, s'est développée indépendamment de la connaissance de cette nature chimique. Les gènes de développement constituent une classe particulière d'une importance fondamentale pour notre compréhension du développement des individus et de l'évolution des espèces. Le génome et la cellule, autre figure du paradoxe de l'œuf et la poule.

Friedrich Miescher, né à Bâle en 1844, travaille depuis un an dans le laboratoire de Felix Hoppe-Seyler quand, en 1869, il découvre la nucléine, plus tard rebaptisée acide nucléique. Nous sommes à la pleine époque de la théorie cellulaire. Pasteur vient de mettre un terme à l'idée de génération spontanée. Virchow propose l'adage « toute cellule naît d'une autre cellule » et Haeckel, le grand évolutionniste allemand, change brutalement de position pour écrire en 1866 que le noyau contient tous les facteurs nécessaires à la transmission de l'hérédité.

C'est dans ce « contexte cellulaire » que Miescher trouve dans les cellules lymphoïdes qui composent le pus, abondant dans les pansements (les antiseptiques n'ont pas encore été inventés), le matériel qui lui permet de séparer le noyau du protoplasme et d'y découvrir une substance non protéique, qu'il nomme nucléine ; il en démontre la richesse en phosphore ainsi que la constance du rapport phosphore/azote, indice d'une régularité de structure. Un Praguois, Walther Flemming, qui a introduit le terme de chromatine en 1878 – sur la base de colorations spécifiques du noyau nées des travaux du chimiste Erlich – fera le lien entre chromatine et nucléine. Observant le clivage longitudinal de cette chromatine, Flemming imagine – à juste titre – que la cellule, lors de sa division, partage sa chromatine entre ses deux cellules filles.

Leonard Kossel (qui obtiendra le prix Nobel en 1910), né à Rostock en 1853, a en commun avec Miescher d'avoir eu le même patron, Hoppe-Seyler, et de s'être, de ce fait, intéressé à la nucléine, de levure cette fois. C'est à partir de cette nucléine qu'il caractérise les quatre bases qui la constituent. Cette découverte pleine de promesses est en même temps décevante tant les composants en sont pauvres, seulement quatre bases, deux bases puriques et deux bases pyrimidiques, pour simplifier disons A et G, d'une part, et T et C, de l'autre. Tout le monde a aujourd'hui entendu parler du quatuor ATGC, dont la combinatoire permet de coder les très nombreuses protéines de la cellule.

Phoebus Aaron Theodore Levine, juif russe émigré aux États-Unis en 1891, établit alors la structure linéaire de ces acides nucléiques. La linéarité de la molécule et sa simplicité, quatre bases répétons-le, ont constitué longtemps un obstacle à la compréhension du mode de codage de l'information génétique. Le petit nombre de bases ne semblait pas pouvoir rendre compte de la diversité des protéines, et la linéarité (associée à la longueur de la molécule) du mode discret de transmission des caractères. Nous verrons dans un instant les conséquences de cet *a priori*.

Avant d'aborder l'histoire de la découverte de la structure, il nous faut suivre celle, parallèle et provisoirement indépendante, de l'hérédité. On doit à De Vries, savant hollandais redécouvreur des lois de Mendel, d'avoir le premier, dès 1889, proposé une théorie de l'interaction entre noyau et cytoplasme très proche de celle que nous reconnaissons pour nôtre aujourd'hui. Cette théorie, dite de pangenèse intracellulaire, se décline en quelques points essentiels. En premier lieu, toutes les prédispositions héréditaires de l'organisme seraient représentées dans le noyau des cellules. C'est l'idée de totipotence : chaque cellule contient dans son noyau la totalité de l'information génétique. Elle s'oppose à celle d'August Weismann qui, en 1887, suggère que chaque cellule différenciée emporte seulement une partie de l'information génétique qui ne serait complète que dans les cellules de la lignée germinale. Dès lors, pour Weismann, la division de la chromatine ne saurait être longitudinale.

Le deuxième point avancé par De Vries est que les particules matérielles qui portent les caractères héréditaires doivent être transportées du noyau vers les autres organes du « protoplasme » où elles deviennent actives. La traduction moderne de ce concept est à chercher dans l'existence des ARN messagers, qui, effectivement, transportent l'information du noyau vers le cytoplasme. Le corollaire de ce mécanisme proposé par De Vries est que, dans le noyau, ces particules matérielles sont généralement inactives, mais qu'elles sont activées dans d'autres « organes » de la cellule. Enfin, si dans le noyau tous les caractères sont représentés, un nombre limité d'entre eux seulement se retrouve dans le cytoplasme. En clair, la cellule, bien que possédant la totalité des gènes, n'en traduit qu'un nombre limité. On retrouve donc là l'embryon d'une théorie moderne de la différenciation cellulaire.

Si je m'attache ici, en suivant de très près le livre de F.H. Portugal et J.S. Cohen intitulé *A Century of DNA,* à détailler ces quelques points, c'est parce que cet éclairage cellulaire venant en contrepoint des avancées de la chimie biologique, dont Miescher marque l'origine, rectifie une interprétation de l'histoire de la biologie moléculaire qui a comme effacé de notre mémoire scientifique ce que nous devons à la fin du XIXe siècle. En effet, un examen du cheminement du concept de gène met en évidence que ce n'est que par un raccourci quelque peu expéditif que l'habitude a été prise d'attribuer l'origine de la génétique et les progrès de la biologie à l'activité d'un petit nombre de savants, physiciens pour nombre d'entre eux, et de considérer *Qu'est-ce que la vie ?* de Schrödinger comme l'acte de naissance, en 1944, de la génétique ou de la biologie moléculaire.

Sans rien retirer au mérite, voire au génie, de ces « précurseurs », parler du XXIᵉ siècle – encore à venir – comme du siècle d'or de la biologie (sauf à prendre ce terme au sens propre de profit financier) revient sans doute à sous-estimer l'importance du XIXᵉ pour les sciences biologiques. Quelques noms pour illustrer ce propos : Geoffroy Saint-Hilaire, Cuvier, Lamarck, Darwin, Claude Bernard, Mendel, Miescher, Haeckel, His, Charcot, le jeune Freud, Du Bois-Reymond, von Helmholtz, on pourrait remplir une page entière de ces savants qui, en l'espace de quelques années, sur le territoire de la vieille Europe, ont posé les bases de la biologie moderne.

Revenons à l'histoire de l'ADN pour rencontrer un autre grand ancêtre, Gregor Mendel, né en 1822 en Moravie, à l'époque autrichienne. Fils de paysans, prêtre dans un monastère augustinien, il a suivi à l'université de Vienne des cours de physique et de botanique. De retour à Brno, dans son monastère, il s'engage dans une série d'expériences sur le pois et démontre deux faits essentiels. D'une part, des caractères – forme (lisse ou ridé), couleur (vert ou jaune) – présents chez les parents peuvent disparaître à la première génération pour réapparaître à la suivante : il les nomme « récessifs ». D'autre part, tous les caractères ne ségrèguent pas de la même façon (ils peuvent apparaître ou disparaître de façon indépendante) ; il y a donc indépendance des caractères ou plutôt de leurs supports, les gènes de notre vocabulaire actuel. Ces résultats, publiés dans les *Comptes rendus de la société de sciences naturelles de Brno*, tombèrent dans l'oubli pour être redécouverts indépendamment par Carl Correns, Erisch von Tschermak et Hugo De Vries, au début du XXᵉ siècle.

Il est impossible, en quelques lignes, de retracer l'histoire de la génétique, mais notons avant de continuer, que lorsque Bateson introduit en 1905 le terme de *genetics*, une analyse convergente des structures chimiques, des phénomènes cellulaires, des notions d'évolution et d'hérédité a mis en place le cadre conceptuel de la biologie la plus récente, la nôtre. Avant d'en arriver là, rappelons rapidement quelques étapes essentielles.

C'est Thomas Hunt Morgan qui, à partir de 1910, grâce à la mouche du vinaigre, la fameuse drosophile, établit les bases de la génétique actuelle et localise les caractères sur les chromosomes. En 1915, plus de deux cents gènes ont été localisés sur le chromosome X ; en 1922, ce sont près de deux mille facteurs qui ont été localisés sur les quatre chromosomes. Mais au-delà du progrès indéniable que représente cette localisation, ce qui apparaît comme spectaculaire est que Morgan et ses collègues ont pu effectuer leur travail de cartographie des caractères en ignorant tout de leur nature chimique. À vrai dire, les chromosomes étant constitués d'acides nucléiques (l'ADN) et de protéines, le présupposé dominant est que les caractères sont portés par les protéines et que les acides nucléiques jouent un rôle différent, très probablement secondaire, dans les chromosomes.

En effet, nous l'avons vu plus haut, la simplicité moléculaire – quatre bases seulement (ATGC) – et la grande longueur de l'acide nucléique sont des propriétés qui paraissaient incompatibles avec la variété des caractères et leur ségrégation sur un mode discret. Cette ségrégation suggérait que le support moléculaire des caractères soit de taille relativement courte, ce qui, en théorie, éliminait l'ADN, dont on connaissait la nature continue. Même si certaines expériences de mutation par irradiation aux rayons ultra-violets dans des spectres qui suggèrent des modifications de l'ADN, plutôt que de protéines, auraient pu attirer l'attention vers cette molécule, il faudra attendre encore près de quarante ans pour reconnaître dans l'ADN le support génétique des caractères. Insistons donc, car cela est d'importance : l'étude et la localisation chromosomique des caractères ne nécessitent pas la connaissance de leur nature chimique.

Le succès de la longue marche vers la découverte de la nature chimique des gènes doit beaucoup à Frederick Griffith qui, en 1928, observe la transformation génétique d'une bactérie. Il démontre que si l'on inocule à une souris un pneumocoque (le bacille responsable d'une forme de pneumonie) non virulent avec un pneumocoque virulent mais inactivé par la chaleur, le bacille inoffensif peut être rendu virulent. Ce travail, reproduit dans le laboratoire de Oswald T. Avery, y est prolongé par l'isolement, en 1935, du « principe transformant ». Il faudra encore dix ans pour que Colin McLeod, Maclyn McCarty et Oswald Avery affirment dans le *Journal of Experimental Medicine* que c'est « un acide nucléique du type désoxyribose qui est le composant principal du principe transformant ». Conclusion qui rencontre une forte résistance (Avery n'aura pas le prix Nobel) et qui ne sera acceptée qu'au tout début des années 1950.

La découverte par James Watson et Francis Crick, en 1952, de la structure de l'ADN – souvent et à juste titre citée comme le point d'orgue de l'aventure de la biologie moléculaire – n'est donc pas, malgré son importance, un événement isolé. Elle intervient dans un contexte historique foisonnant. Son intérêt, immense, repose sur le fait que la complémentarité A-T et G-C, proposée par Erwin Chargaff en 1950, associée à la structure en double hélice, explique comment l'ADN peut se reproduire à l'identique et donc permet de lier la structure de l'ADN à la question physiologique de l'hérédité. De nombreuses questions restent cependant ouvertes. Citons celle des gènes comme unités codantes fonctionnelles, celle de la nature matérielle du messager qui va du noyau vers le cytoplasme et, évidemment, celle du code génétique qui permet la traduction du message en protéines.

Comment donc ne pas évoquer les membres du « groupe des phages », Max Delbruck et Salvador Luria, entre autres, qui sont à l'origine d'une aventure où s'inscrivent aussi les noms de Beadle, Ephrussi, Tatum (un gène = un caractère), Lwoff, Brachet, Jacob, Monod (les ARN messagers), Khorana, Ochoa, Nirenberg (le code génétique) et ceux, qu'il est impossible de citer tous, à qui nous devons les progrès décisifs qui ont accompagné l'élaboration du concept de gène ? Cette allusion au groupe des phages, au sein duquel un nombre important de reconvertis de la physique a joué un rôle déterminant, me donnera dans le chapitre suivant l'occasion de revenir sur le *Qu'est-ce que la vie ?* de Schrödinger. Cet ouvrage rassemble des conférences de ce grand savant. Nombre de commentateurs y voient l'origine de la biologie moléculaire donnée, pour faire bonne mesure, comme la fin du vitalisme, alors que l'idée de code et de programme se place dans une histoire qui, nous venons de le voir, trouve son origine en plein milieu du XIXᵉ siècle.

On trouvera dans les livres nombreux consacrés à ces questions la description des étapes essentielles qui ont conduit à la conception actuelle des gènes morcelés, chez les eucaryotes, en domaines codant et non codant. Les différentes étapes allant du gène à la protéine (transcription, maturation du messager ou épissage, transfert de ce messager du noyau au cytoplasme, traduction en protéines, modifications de ces protéines qui seront alors adressées à leurs sites d'action) demandent, pour être parfaitement comprises, que la génétique soit revisitée par d'autres branches de la biologie : biologie cellulaire, biologie du développement, voire physiologie et anatomie.

Il reste qu'en 1940, Morgan a localisé un grand nombre de gènes sans avoir eu à se soucier de la nature chimique de ces « entités » qui restent logiques avant d'être matérielles. Sur la base des mutations et des phénotypes, de la ségrégation dépendante ou indépendante des caractères, Morgan « place » ces caractères les uns par rapport aux autres, les ordonne. En effet, plus deux caractères sont proches sur le chromosome, plus ils ont de chances de voyager ensemble lors d'une recombinaison chromosomique. C'est ainsi qu'est inventée l'unité de mesure de la distance entre caractères : le centimorgan.

Nul besoin pour cela de connaître la structure physique ou chimique des gènes, ni leur mode ou lieu d'expression. Le « morganisme » (comme la génétique des populations, qui se développe en parallèle) appartient à une sorte d'aristocratie de la génétique et du darwinisme par le rapport qu'il entretient avec les mathématiques, la reine des disciplines, probablement parce que définissant – pour beaucoup – la scientificité. La génétique sera profondément marquée par cette immatérialité de ses objets. C'est visible dans les lectures que l'on peut faire de Dawkins ou des sociobiologistes et dans l'usage que ces chercheurs – par ailleurs très libres dans leur pensée et donc très plaisants à lire – font du terme de gène, le confondant souvent avec celui de caractère.

On est, en effet, frappé, dans les écrits des sociobiologistes, par la persistance de l'idée que le phénotype, sur lequel s'exerce la sélection naturelle, est déterminé – au sens d'un déterminisme assez strict – par le génotype. C'est assez vrai pour certaines espèces, mais beaucoup moins valide dès lors qu'un même génotype peut donner naissance à un nombre infini de phénotypes, et surtout à un phénotype variable qui s'adapte de façon continue, par modification épigénétique du génome, et surtout du cerveau, y compris chez l'adulte. Je reviendrai sur ce point quand nous discuterons, dans le chapitre VIII, le concept d'individuation. Mais indiquons déjà que ce qui se reproduit n'est pas tant un génome qu'une stratégie d'adaptation, par mutation (ce qui correspond au schéma classique de la sociobiologie) ou bien par individuation, ce qui demande une rectification de ce schéma.

On pourra trouver des traces de ce lien de la génétique avec un mode de raisonnement « mathématique » dans la façon dont la génétique inverse (une technique récente consistant, chez la souris notamment, à inactiver un gène et à examiner les effets de cette inactivation sur différents traits phénotypiques comme la morphologie, le comportement ou la physiologie de l'animal) s'est imposée comme une mécanique. Pendant une très longue période, longue surtout au regard de l'accélération du processus de découverte, nous autres biologistes ou, pour être plus précis, généticiens du développement, avons considéré l'organisation cellulaire comme une boîte noire. Nous avons, de ce fait, consacré la quasi-totalité de nos efforts à étudier les patrons d'expression des gènes (dans quelles régions du corps et à quelles périodes du développement ces gènes s'expriment-ils ?) et aux phénotypes issus de l'inactivation – nous disons invalidation – d'un gène, de sa surexpression ou des combinatoires d'expression ou d'invalidation créées par les croisements de mutants (mouches, vers, souris essentiellement). Ce n'est donc que très récemment que la génétique du développement a effectué une forme de fusion – longtemps considérée comme sans intérêt – avec la biologie cellulaire et la biochimie.

Cette séparation entre secteurs de la biologie, si proches cependant, finissait par mener à des impasses. Comment imaginer un gène sans cellule ? Ce serait comme un cerveau sans corps. Le fonctionnement des gènes a donc été réinséré dans son cadre physiologique, la cellule, et on s'est intéressé non seulement à la présence du messager, mais aussi à celle des protéines et à leur localisation dans l'espace cellulaire ou extracellulaire. Ce revirement récent, qui renoue, en fait, avec la démarche de Miescher et de ses successeurs, correspond à ce qu'on appelle l'ère du

« post-génome », pour marquer les antériorités et les hiérarchies, et pour suggérer qu'il fallait avoir déchiffré le génome pour s'intéresser au « reste » requalifié de biologie post-génomique. Autrement dit, le post-génome n'a de post que le nom.

Depuis peu également est acceptée l'idée que si l'invalidation d'un gène conduit à un phénotype, cela ne signifie pas que ce gène est directement responsable de celui-ci mais qu'il est pris dans un réseau génétique interagissant avec son expression. Donc, si on accepte la règle « un gène = un caractère », il faut la restreindre aux seuls cas où « caractère » signifie « produit protéique direct de ce gène ». En effet, plusieurs mutations distinctes affectant divers gènes d'un même réseau génétique peuvent conduire à des phénotypes similaires, voire identiques. Si on rapproche cette constatation du fait qu'un même génotype peut mener à une infinité de phénotypes différents, on comprend à quel point le rapport du génotype au phénotype est loin d'être simple et combien l'équation « gène = caractère » ne permet pas de résoudre facilement la question du déterminisme génétique. Nous y reviendrons au chapitre VIII de cet ouvrage.

Mais revenons à Morgan et à son école qui, au début du XXe siècle, posent grâce à leurs travaux sur la drosophile les fondements de la génétique moderne. Sur la base de mutations induites par des rayonnements ou des traitements chimiques, ils constatent que toutes n'ont pas les mêmes effets. On peut changer la couleur des yeux ou la forme de quelques aspérités de la cuticule, mais aussi créer des monstres : par exemple, des mouches dont les antennes sont transformées en pattes ou les ailes en yeux. On admettra que ces deux classes de phénomènes ne sont pas du même ordre, car si la modification d'une couleur ne nécessite que la mutation d'un seul gène ou de quelques gènes, la transformation complète d'une antenne en patte nécessite que des centaines de gènes se trouvent tout d'un coup modifiés dans le temps et le lieu de leur expression.

Or, une mutation ne touchant, en général, qu'un petit nombre de gènes, cela implique que certains gènes ou certaines mutations puissent avoir des effets sur des programmes développementaux complets, impliquant l'orchestration de l'expression de centaines, voire de milliers, d'autres gènes. Même s'il convient ici d'être prudent parce que des mutations peuvent être très larges (délétions, translocations, ou modifications de gènes ayant des effets multiples, ou agissant à différents niveaux de l'organisme, comme ceux codant les hormones), il reste que l'existence de mutations décidant du destin morphologique (antenne ou patte) à partir d'un même petit groupe de cellules initiales explique qu'ait été avancé le concept de gène maître. Ce concept est cependant à prendre avec précaution dans la mesure où si un phénotype est le résultat de l'expression d'un réseau de plusieurs gènes (dix, cent, mille ?), on comprendra aisément qu'il peut être perturbé de différentes façons et, surtout, que les hiérarchies génétiques (que ce concept implique) peuvent ne pas être absolument figées. C'est donc pour simplifier qu'on a admis qu'un gène comme antennapedia, dont l'expression dans certaines cellules embryonnaires composant le disque imaginal de l'antenne entraîne la mise en route du programme patte, soit un gène maître. Plus récemment (on se reportera au livre de Walter Gehring, *La Drosophile aux yeux rouges*, un gène responsable du programme œil a été cloné. Exprimé au bon moment, il peut faire pousser des yeux en différents points du corps de la drosophile – et pas seulement de la drosophile, mais c'est une autre histoire.

Il est compréhensible que l'existence de telles mutations ait éveillé l'attention des biologistes du développement. Elles portaient en elles la promesse de la compréhension de l'atavisme de la forme, c'est-à-dire de la permanence de l'imago, image caractéristique de l'espèce. Autrement dit, pourquoi un œuf de poule donne-t-il, de façon irrémédiable, naissance à une poule, malgré les – il faudrait dire grâce aux – milliards d'événements qui séparent cet œuf, cellule unique, de l'organisme, milliardaire en cellules une fois achevé ? La raison en est bien à chercher dans un programme développemental héréditaire donc, de toute évidence, porté par le génome qui – à travers les gamètes ou cellules sexuelles – passe de génération en génération. Identifier des gènes qui contrôlent l'ensemble d'un programme morphogénétique, c'était, pour la première fois, établir le rapport unissant gène et forme et donc commencer de répondre à une question qui jusque-là n'avait été abordée que par le biais d'expériences et observations empiriques.

Walter Gehring décrit dans *La Drosophile aux yeux rouges* comment la découverte de l'homéoboîte, structure conservée entre plusieurs gènes à action morphogénétique, a permis d'identifier sur le plan moléculaire toute une famille de gènes de développement, les homéogènes, qui avait été définie par la seule génétique. Chez les arthropodes – comme la mouche –, ces gènes sont organisés en complexe, le complexe homéotique ou complexe HOM/Hox. Ils sont tous alignés sur un chromosome unique et leurs positions sur ce chromosome correspondent à leurs sites d'expression le long de l'axe antéro-postérieur de l'organisme. Cela définit une règle dite de colinéarité sur laquelle je reviendrai, en particulier dans le chapitre IV, règle qui a été étendue aux vertébrés. En effet, chez ceux-ci, donc chez nous, quatre complexes Hox sont présents sur quatre chromosomes. Ces quatre complexes sont nés de deux duplications d'un chromosome, et l'étude de la disposition des homéogènes chez la mouche et chez les vertébrés a permis de confirmer que nous partageons avec les arthropodes un ancêtre commun qui a vécu il y a environ six cents millions d'années. Cette parenté est marquée non seulement par les ressemblances de structure entre gènes positionnés de façon similaire sur le chromosome d'arthropode et sur ceux des vertébrés, mais aussi par les complémentations géniques, l'absence d'un gène chez la mouche pouvant, en certaines circonstances, être compensée par l'introduction du gène situé en position identique chez la souris. Ces gènes, homologues à travers l'évolution (on les retrouve dans des espèces distinctes), sont dits orthologues.

Nous constatons donc, au terme de ce chapitre, que le concept de gène n'est pas homogène et que les gènes de développement constituent une classe à part. Les mutations qui les affectent ont des effets morphogénétiques massifs dont des exemples peuvent être trouvés dans les phénomènes d'homéose définis comme la transformation d'un organe en un autre homologue, notion qui fait appel à la fois à un scénario évolutif et à l'idée qu'une position identique d'un segment à l'autre peut marquer une homologie ; la patte et l'antenne sont des organes homologues chez la mouche comme le sont l'œil et l'aile. Le lecteur intéressé pourra retrouver ces notions dans *Les Anatomies de la pensée*. Il est certain que ces gènes, dont la fonction est si importante au cours du développement, ont aussi joué un rôle au cours de l'évolution, en particulier dans la création de nouvelles espèces. Nous verrons plus tard que, sur la base de ces orthologies, notre parenté avec les arthropodes peut être suivie aussi pour les structures corporelles les plus antérieures, dont le cerveau.

Dans ce chapitre, nous avons non seulement montré l'hétérogénéité du concept de gène, mais encore interrogé la place de cette structure dans la construction des organismes. Surtout, nous nous sommes demandé si le gène correspond bien au niveau d'étude le plus pertinent pour la compréhension de phénomènes physiologiques. En réalité, il est impossible d'affirmer que, parmi les niveaux distincts d'intégration que l'on rencontre dans la description d'un organisme, l'un, dont tous les autres découleraient, serait plus fondamental que les autres, un niveau maître, comme on a pu parler de gènes maîtres. Cela supposerait qu'on dispose d'une idée précise sur la façon dont se sont constitués les premiers êtres vivants et donc sur ce que furent les ancêtres du génome ou de la cellule.

Il reste qu'on ne peut passer la question entièrement sous silence, quand ce ne serait que parce que la génomique se présente aujourd'hui comme la discipline la plus avancée des sciences de la vie. Surtout parce que, pour les sociobiologistes, ce qui se reproduit n'est pas un organisme, pas même un génome, mais une série de gènes luttant, chacun pour soi – le gène égoïste –, pour une propagation maximale. On doit donc constater qu'une branche importante de la biologie moderne place le gène en position de pierre de touche fondamentale du vivant. Les conséquences d'un tel point de vue rendent nécessaire qu'il soit pris au sérieux et que soient discutées les propositions des généticiens extrêmes. Cette question sera abordée dans les derniers chapitres portant sur la question de l'individuation, je me bornerai donc ici à trois considérations.

La première est que l'hérédité – évidemment liée au génome – donne une place, qu'on apprécie de mieux en mieux aux mécanismes épigénétiques d'habillage de l'ADN. Cet habillage se trouve à la base de ce qu'on appelle hérédité cytoplasmique dont le *silencing* chromosomique est une des modalités. Il fait appel à des modifications de l'ADN, par exemple des méthylations au niveau de doublets CpG (Cytidine-Guanosine), et à l'association à l'ADN de protéines, comme les histones, dont les modifications, en particulier mais pas uniquement des acétylations, contribuent à maintenir des segments entiers du chromosome dans un état permettant ou non leur transcription, état qui peut être maintenu au travers des générations cellulaires. Il est donc fort peu probable qu'un ADN nu, sans autre composante que lui-même, puisse donner naissance à une structure vivante, indépendamment de son insertion dans une cellule, voire indépendamment d'une histoire qui le modifie dans sa structure. Le chromosome est donc porteur d'une mémoire épigénétique.

Le deuxième point à mentionner est celui de l'antériorité du génome et de la cellule, ou de l'organisme, nouvelle mouture du problème de la poule et de l'œuf. Si un organisme, unicellulaire ou pluricellulaire, ne peut vivre et se reproduire sans un génome et que ce génome a également besoin de l'organisme pour se perpétuer, cela a-t-il un sens de marquer une antériorité de l'un sur l'autre ? On pourrait, évidemment, utiliser la métaphore du parasitisme et, attribuant une intentionnalité au génome, proposer qu'il s'est construit un organisme pour se reproduire, en quelque sorte à la façon d'un virus. L'image est séduisante, mais elle peut se renverser aisément en avançant que l'organisme, lui aussi doué d'une forme d'intentionnalité, s'est construit un génome qui constitue un plan permettant de coder sa reconstruction et que, telle une machine de Turing, il passe de génération en génération grâce à un programme et à des instructions permettant la lecture de ce programme. Même si, par certains aspects, ce deuxième point de vue me semble mieux refléter sur le plan purement phénoménologique – intentionnalité mise à part – la réalité biologique, il est assez évident que les deux scénarios restent des spéculations plutôt gratuites puisque nous ignorons tout, ou presque, des mécanismes qui ont conduit – à travers l'évolution – à la formation de la première cellule.

Enfin, il faut aussi considérer le niveau de l'organisme pris dans son entier. Même si un être unicellulaire est loin d'être homogène dans sa structure et comprend des zones subcellulaires spécialisées, assimilables à des « organes cellulaires » (les ciliés sont un bon exemple de ce type d'organisation), cette différenciation relève de la stratégie du couteau suisse. Il en va autrement des métazoaires, ou des plantes, qui sont constitués de milliers de cellules et de plusieurs types cellulaires, environ deux cents chez un vertébré. Mieux, on note la formation d'organes dont la localisation est précise et qui doivent fonctionner de façon coordonnée. Les problèmes sont donc multiples car il ne faut pas seulement coder la différenciation cellulaire, c'est-à-dire mettre en place pour chacun des deux cents types cellulaires la combinatoire de gènes qui les spécifient, mais aussi organiser ces cellules entre elles pour qu'elles fabriquent les organes attendus en temps et lieu appropriés. En effet, si ce sont les mêmes cellules qui participent à la fabrication d'une main ou d'un pied, les formes de ces organes sont différentes, ce qui suggère l'existence d'un code des interactions cellulaires ; c'est la question de la morphogenèse dans laquelle la classe des gènes de développement joue le rôle évoqué plus haut.

Enfin, le tout de l'individu doit fonctionner de façon harmonieuse, ce qui veut dire que doivent être assurées l'unité et la coordination de l'organisme, mais aussi son adaptation au milieu. Ce rapport adaptatif qui lie l'organisme à son milieu sera l'objet d'une discussion à part entière (chapitre VIII). Nous retrouverons, alors, l'importance des notions d'instinct, d'intelligence et d'individuation, cette forme d'adaptation qui culmine chez *Homo sapiens* grâce à la structure unique de son organe cérébral.

Mais avant d'en venir à cet organe dont nous sommes, à juste titre, si fiers, nous allons faire un détour par le rapport que la génétique entretient avec la théorie de l'information et sur les conséquences de ce lien originel, ou supposé tel, quant à la constitution d'une science biologique autonome et le développement d'une théorie du cerveau.

CHAPITRE II

Qu'est-ce que la vie ?

La théorie de l'information, son lien avec le deuxième principe de la thermodynamique. Application de cette théorie à la sphère du vivant, son intérêt et ses limites. La réduction de la biologie à une physique ou à une chimie du vivant n'est pas une garantie contre le vitalisme, mais peut, au contraire, en être une des figures. Claude Bernard et Bichat. La vie n'est pas seulement organique mais aussi organogénique ; elle s'accompagne d'un double mouvement de destruction et de construction organiques. Première apparition de la question de la forme. Critique d'une interdisciplinarité généralisée.

Michel Serres, dans le recueil *Traduction,* lève le lièvre de la philosophie naturelle de la biologie moléculaire. Il se « scandalise » – je reprends ses propres termes – du fait qu'aucun critique avant lui ne se soit aperçu que la philosophie naturelle de l'activité scientifique des biochimistes, au premier rang desquels il place Jacques Monod, alors tout récent prix Nobel de médecine, avec Étienne Lwoff et François Jacob, se réfère non pas à Descartes, Kant ou Hegel, mais bien à des intellectuels qui ne sont pas des philosophes au sens classique, mais des concepteurs d'outils nouveaux. Et il cite les physiciens et mathématiciens : Wiener, Bridgmann, Shrödinger et surtout Léon Brillouin. On pourra retracer les sources de l'influence exercée par ce dernier en biologie en lisant son ouvrage *Vie, matière et observation*, publié en 1959. Michel Serres, toujours dans ce même texte, relève que la biochimie est une chimie comme les autres par ses méthodes et son épistémologie, qu'elle est une science par la physique et que la philosophie de la physique, « c'est la théorie de l'information ». Bref, que lorsque Jacques Monod dans *Le Hasard et la Nécessité* écrit une philosophie naturelle, « cela signifie *en clair* qu'il applique la théorie de l'information à sa discipline propre ».

Léon Brillouin est un physicien et un mathématicien qui s'est illustré par des travaux importants en physique des solides et en mécanique ondulatoire. Mais il s'intéressait aussi aux sciences de la vie, et plus précisément (ou plus philosophiquement) à la pensée en tant que phénomène biologique. Question qu'il aborde sous l'angle de l'analogie entre information et entropie. Pour faire bref, l'entropie peut se définir comme une quantité qui, dans l'évolution d'un système fermé, ne peut qu'augmenter. Son évolution dans le sens d'un accroissement irréversible est une des conséquences du deuxième principe de la thermodynamique, ou principe de Carnot, et ne s'applique donc qu'aux systèmes fermés qui n'échangent avec l'extérieur ni matière ni énergie. Ce dernier point est important puisque les êtres vivants sont, par nature, des objets qui échangent – justement – matière et énergie avec leur milieu.

Léon Brillouin, dans la lignée d'autres chercheurs de l'époque – dont les cybernéticiens Shannon et Wiener –, conçoit une analogie entre l'accroissement d'entropie ou de désordre et la dégradation d'un message au fur et à mesure qu'il est transmis et que s'y accumulent de petites erreurs. Comme le note André Georges, préfacier de *Vie, matière et information*, on peut voir dans cette dégradation irréversible du message « une sorte de principe de Carnot généralisé [...]. Ces rapports entre thermodynamique et information, entre l'esprit et la machine, d'une part vie et pensée, et d'autre part physico-chimie, voilà en somme le thème conducteur de tout l'ouvrage ». Le livre de Brillouin ouvre, on le verra, sur une interprétation de la génétique (le génome comme force entropique) ; il va aussi plus loin, puisque l'auteur s'interroge sur le rapport entre esprit et machine, thème sur lequel je reviendrai à propos d'Alan Turing.

Cette analogie très classique entre information et ordre trouve son origine dans la science thermodynamique. Elle suppose que le maintien d'un ordre – phénomène si frappant dans un organisme vivant – nécessite un apport d'énergie qu'on pourra, en faisant jouer l'analogie, considérer comme de l'information. Mais la thermodynamique de Brillouin, celle de son époque, est évidemment une thermodynamique statistique. L'énergie n'est plus une structure continue, elle est devenue « particulaire » ou – si l'on préfère – quantique. L'entropie est maintenant liée à une probabilité, pour une certaine structure, très exactement la probabilité d'exister, et elle peut s'écrire sous la forme d'une équation $S = k\log P + So$ où la seule variable, P, se définit comme la probabilité d'existence. Si une structure est hautement improbable – par exemple un être vivant est une structure improbable –, P, sa probabilité d'exister, sera très petite et son entropie très faible. Laissée à elle-même, dans un système fermé, une telle structure ne pourra qu'évoluer vers un système plus probable. De ce fait, la probabilité P augmente et, avec elle, l'entropie du système. Nous avons donc là une version probabiliste du principe de Carnot.

Comme le remarque Léon Brillouin, les phénomènes vitaux sont irréversibles ; c'est une de leurs caractéristiques principales en effet que de s'inscrire dans un temps historique, et cette irréversibilité marque une analogie avec les lois de la thermodynamique. Peut-on, pour autant, appliquer la thermodynamique à l'étude du vivant ? Pour Brillouin, très prudent en la matière, il est clair que la physique et la chimie des années 1950 ne peuvent statuer à elles seules sur les phénomènes propres au vivant, qui lui sont spécifiques, comme l'hérédité, la reproduction, le développement (il dit « croissance ») et l'évolution, qu'il ne cite pas mais qu'on peut sans doute ajouter à la liste. En fait, selon Brillouin, la thermodynamique peut surtout statuer sur la décomposition des systèmes vivants (qui ont donc cessé de l'être) et réfléchir sur ce phénomène étonnant qu'est la stabilité des êtres vivants, sur cet espace entre la promesse de mort donnée avec toute vie organique et la mort. Comment se fait-il qu'un organisme se prolonge sans changement, ou presque ? Voilà la question posée par le physicien.

L'habileté de Brillouin est de « transposer les méthodes de la thermodynamique dans le domaine de l'information, et d'aborder une liaison avec la théorie de la connaissance ». Suivons-le pas à pas et reprenons l'équation $S = k\log P + So$: dans l'analogie proposée par les théoriciens de l'information, l'entropie d'un système mesure le manque d'information inhérent à ce système ; par exemple, je ne peux connaître à un moment donné la position de tous les atomes d'un gaz. D'où l'équation princeps de la théorie de l'information, laquelle assimile information et entropie négative que l'on désigne sous le terme de néguentropie. Brillouin nous mène vers une solution fascinante : si les organismes vivants peuvent garder – longtemps – une entropie basse et donc poursuivre au sens non figuré leur improbable existence, c'est parce qu'il y aurait, au sein des organismes vivants, une source d'information qui ordonnerait la matière vivante, par exemple qui imposerait aux atomes qui la composent et la renouvellent de s'ordonner d'une certaine façon.

C'est l'extension du Démon de Maxwell qui sort de son récipient fermé où il classait les molécules en fonction de leurs vitesses, contrariant ainsi leur homogénéisation, et donc la dérive vers une entropie maximale, pour gagner l'organisme où il organise les molécules en fonction de ce qu'il sait être compatible avec le maintien de cet organisme dans la sphère de la vie et donc, là encore, contrariant la montée rapide vers le maximum d'entropie. Dans les deux cas, le Démon permet de maintenir le système loin de son état d'équilibre. Léon Brillouin poursuit son propos et tente de tisser des liens entre la théorie de l'information et la connaissance, faisant du cerveau humain, dans l'acte de la création scientifique, une force créatrice d'information et donc de néguentropie. Le Démon de Maxwell non seulement est passé de son bocal fermé au vivant ouvert – on aura en effet reconnu le génome dans cette force organisatrice, dans cette information intérieure –, mais il s'est substitué à l'Homme lui-même, nouvelle figure du Démon capable d'ordonner le monde, voire de lui donner du sens.

Nous avons donc, chemin faisant, quitté les rivages de la rigueur scientifique pour nous orienter, à travers le fonctionnement d'une analogie plus ou moins justifiée mais aidant à penser, vers les charmes pervers de la métaphore. Laquelle peut alors se développer sans plus de contraintes sur la base de la mécanique quantique et de cet indéterminisme qui lui colle à la peau et que nombre de savants, physiciens ou non, Brillouin entre autres, appelleront liberté. Comme si cette liberté de l'homme devait – métaphore aidant – trouver sa source et surtout sa justification rationnelle dans la mécanique quantique. Brillouin se risque – nous l'avons vu – à avancer les termes de théorie de la connaissance ; je ne crois donc pas pousser l'interprétation en disant que c'est dans l'indéterminisme associé à la mécanique quantique que Brillouin place la liberté ou la conscience et tente de répondre au problème de la machine-esprit.

Dès lors, la biologie moderne doit, dans cette mécanique statistique, trouver son origine, son passage à la scientificité réelle, son arrachement au vitalisme, comme n'ont pas craint de l'écrire nombre de commentateurs, non d'ailleurs de l'ouvrage de Léon Brillouin mais de celui de Erwin Schrödinger, *Qu'est-ce que la vie ?* publié en 1944. Remarquons cependant que pour ambitieux, spéculatifs parfois au-delà de toute restriction et même poétiques qu'ils soient, ces deux livres restent, dès qu'ils sortent du domaine de la physique, extrêmement prudents. Leurs deux auteurs sont de très grands savants qui ne sauraient être tenus pour responsables de la radicalisation de leurs positions par des commentateurs se laissant aller à des raccourcis, pédagogiques certes, mais aussi parfois excessifs.

Abordons donc, puisqu'elle nous est posée, la question du vitalisme. Tout d'abord, il est infiniment aventureux pour un scientifique de prétendre couper court à une idée philosophique qui, pour prendre ses racines dans une idée de la nature et avoir des effets sur les sciences de cette même nature, n'en appartient pas moins à une sphère distincte de la sphère scientifique. Sauf, évidemment, à vouloir faire passer toutes les approches de la connaissance – philosophie comprise – sous le joug des théories et des méthodes scientifiques. Cela ne semble pas avoir été l'ambition de Schrödinger et ne constitue certainement pas le credo de tous les habitants de la Cité scientifique.

L'idée vitaliste et ses effets dans les sciences font partie de notre histoire et il est incertain qu'on puisse jamais réaliser ce fantasme de science pure et éradiquer totalement cette composante vitaliste dans une sorte de grand soir qui accoucherait enfin d'une science débarrassée de toutes ses scories non positives. On pourrait ajouter que cet acharnement, aux allures inquisitoriales, de la science pure et dure à dire le droit dans des champs de savoir qui ne sont pas les siens a des effets en retour assez redoutables et alimente un fort courant antiscience. Il conduit paradoxalement à des phénomènes de résurgence, aux accents romantiques, de l'idée vitaliste, qui a récemment montré une vivacité impressionnante dans plusieurs disciplines. Dans le domaine de l'anthropologie, on parle de plus en plus de frontières qui bougent entre l'Homme et l'animal ; l'anthropologie se fait alors éthologie humaine et, en échange, l'éthologie se transforme en anthropologie de la nature. Bruno Latour, dans un livre qu'il ne faut peut-être pas prendre au premier degré, *Politiques de la Nature*, en vient à réclamer un droit de vote pour les animaux, les cailloux et les atomes, tous citoyens dans le « grand collectif ». Sans aller jusqu'à traiter ces propositions d'animistes, et en prenant en compte l'aspect volontairement provocateur du propos, on admettra cependant que la thèse prête à confusion.

Enfin, et pour en rester sur cette apparition de Schrödinger en saint Michel (saint Michel ou Démon de Maxwell ?) terrassant le dragon du vitalisme (dragon ou Phénix renaissant de ses cendres ?), je rappellerai qu'une opération assez semblable avait été menée cent ans plus tôt par Claude Bernard. Je ne m'y attarderai pas longuement puisque j'ai consacré un ouvrage à cette question (*Claude Bernard, la révolution physiologique*). Quelques lignes cependant. On sait que sur la base de ses études de nutrition, la fameuse expérience du foie lavé, Claude Bernard a inventé le concept de milieu intérieur capable de gérer les interactions de l'organisme avec le milieu extérieur et, en particulier, de participer à cette ontogenèse silencieuse par laquelle les nutriments sont incorporés au plan de l'animal (ou du végétal) et lui conservent vie et forme. Le milieu intérieur participe donc de cette force organisatrice – néguentropique – mais il le fait non par un mécanisme qui freinerait la décomposition mais par un processus qui double cette décomposition de l'organisme d'une recomposition permanente, à travers la nutrition. L'organisme bernardien est donc animé d'un double mouvement de destruction et de construction permanentes très précisément décrit dans les *Leçons sur les phénomènes communs aux animaux et aux végétaux*.

Claude Bernard développe une méthode adaptée à l'étude de ce milieu intérieur, d'où l'utilisation du matériel vivant, mais aussi celle de poisons et des outils offerts par la chimie, grâce à de nombreuses collaborations avec des collègues chimistes, au premier rang desquels on trouve Berthelot. D'où, et c'est le point important, le concept selon lequel la nutrition n'est pas organique, mais organogénique puisqu'elle permet la genèse continue des organes. On découvre ici l'idée, qui sera développée, cent ans plus tard, par Brillouin, d'un agencement de la matière vivante, de la faculté du vivant d'imposer aux atomes qui le composent et le renouvellent de s'ordonner d'une certaine façon, selon un certain plan. Mais il n'y a pas dans la conception bernardienne d'idée de résistance à la décomposition car celle-ci fait partie du processus vital, lui est nécessaire. Claude Bernard réfute aussi des idées simples. Tout d'abord celle, lavoisienne, de nutrition vue comme un bilan énergétique, et de l'organisme comme une banale machine à vapeur.

Ensuite, celle de Bichat, pour qui la vie serait « l'ensemble des fonctions qui résistent à la mort », idée aux consonances vitalistes (à ses yeux les propriétés vitales sont irréductibles aux lois physiques) dans la mesure où elle suppose l'existence d'une force qui peu à peu – et dans chaque tissu – céderait à la montée entropique du désordre et de la mort. La notion de néguentropie appliquée au vivant vient, on le voit, en droite ligne de Bichat : la néguentropie, c'est la vie ; l'entropie, c'est la mort.

Les théories thermodynamiques que nous venons d'évoquer à propos de Brillouin et de Schrödinger sont donc plus proches de celles de Bichat que de celles de Claude Bernard, même si elles ne peuvent être qualifiées, à proprement parler, de vitalistes dans la mesure où, pour les physiciens, les propriétés vitales (le maintien de la néguentropie) sont maintenant réductibles aux lois de la physique, à vrai dire en découlent. Par contre, ce qui doit être souligné est que l'idée de résistance à la dégradation, qui est une des bases du vitalisme de Bichat, reste présente dans la conception thermodynamicienne du vivant.

On mesure la différence avec la position bernardienne qui suppose l'existence de deux mouvements, un mouvement de destruction et un mouvement de construction qui permettrait de créer la forme organique de façon continue, dans un processus permanent – y compris chez l'adulte – de création vitale ou, si l'on préfère, d'embryogenèse silencieuse. D'où ses deux aphorismes indissociables (« la vie, c'est la mort » – destruction des organismes – et « la vie, c'est la création » – construction des organismes) qui décrivent les deux processus s'accomplissant simultanément, c'est là un point important de l'idée bernardienne, au sein d'un même organisme tout au long de son existence. Ce faisant, Claude Bernard, même s'il ne comprend pas comment se fait cette phase de création organique, va sur le plan scientifique aussi loin qu'on le peut dans la réfutation du vitalisme. Cela ne retire rien aux mérites de Schrödinger, mais cela montre à quel point la prise en compte du mécanisme ontogénique dans un organisme adulte ouvert sur l'extérieur et échangeant avec lui matière et énergie trace une voie originale pour penser cet espace entre deux néants qu'est la vie.

Venons-en maintenant à cette idée reçue selon laquelle l'essai de Schrödinger aurait permis l'essor de la biologie moléculaire. Il est effectivement frappant que, joignant l'idée de cristal apériodique à celle d'information et de code, le texte de Schrödinger semble désigner l'ADN comme origine de cette force organisatrice, cette source d'information qui permet aux nutriments de s'organiser selon la forme de l'organisme vivant. La source de néguentropie, pour parler comme Brillouin, résiderait dans cette information génétique définie comme entropie négative. La boucle est alors bouclée, les physiciens ont ouvert la voie, aux biologistes de régler les détails.

L'idée est bien sûr séduisante et fait partie de notre histoire, mais de nouveau, la lecture de Claude Bernard, complétée par celle des biologistes généticiens sur laquelle nous nous sommes attardés dans le premier chapitre, indique une autre voie qui, elle non plus, ne manque ni d'intérêt ni, surtout, de modernité. Revenons donc à Claude Bernard à travers deux citations très simples prises dans les *Principes de médecine expérimentale*. La première résume ce qui est une évidence pour tout biologiste, voire pour tout paysan qui serait fort surpris de voir une de ses vaches accoucher d'un agneau ou d'une poule :

« La morphologie vitale, nous ne pouvons guère que la contempler puisque son facteur essentiel, l'hérédité, n'est pas un élément que nous ayons en notre pouvoir... »

Et la deuxième pour préciser que le physiologiste, en cette fin du XIXe siècle – Claude Bernard est mort en 1878 –, ne renonce pas à mettre un jour cet élément – l'hérédité – en son pouvoir :

« J'admets parfaitement que lorsque la physiologie sera assez avancée, le physiologiste pourra faire des animaux et des végétaux nouveaux comme le chimiste produit des corps qui sont en puissance, mais qui n'existent pas dans l'état naturel des choses... Mais la physiologie devra agir scientifiquement pour opérer toutes ces modifications... C'est donc dans la connaissance de la loi de la formation des corps organisés qu'agit toute science biologique expérimentale. »

Reportons-nous maintenant au chapitre précédent pour constater qu'en 1944, date de parution de *Qu'est-ce que la vie ?*, de nombreuses données sont connues qui permettent d'identifier les chromosomes comme les structures porteuses des caractères et l'ADN comme le principe transformant. Certes, la notion de code reste obscure, mais elle se trouve déjà dans la lettre de Miescher à His, datée du 17 décembre 1882, reproduite dans le livre de Walter Gehring, *La Drosophile aux yeux rouges*. Dans cette lettre Miescher propose que : « Les nombreux atomes asymétriques du carbone permettent la formation d'une quantité de stéréo-isomères tellement énorme qu'elle autorise l'expression d'une très grande diversité de conditions héréditaires, de la même façon qu'un alphabet de vingt-quatre à trente lettres permet l'expression écrite de tous les mots dans toutes les langues. »

Il ne s'agit pas de se lancer ici dans une bataille des précurseurs ni de contester que les idées des physiciens, surtout ceux qui se sont convertis à la biologie comme de nombreux membres du groupe des phages, ont pu influencer celles de leurs collègues généticiens, mais de constater que la biologie moléculaire n'a pas attendu 1944 pour « prendre son essor ». Répétons-le, son histoire prend ses racines au milieu du XIXe siècle – dont j'ai souligné l'importance pour la biologie – et on ne peut faire comme si n'avaient jamais existé les biologistes qui, de Mendel à Avery, en passant par De Vries, Miescher et quelques centaines d'autres, ont contribué à cette histoire par un peu plus qu'une série de conférences, certes sympathiques, mais d'une importance qu'on permettra de relativiser sans commettre là un crime de lèse-majesté.

Pour beaucoup d'entre nous, ce sont là de vieilles lunes sans grand intérêt et qui ne méritent guère qu'on s'y attarde. Toutefois, la résurgence régulière de ce monstre du loch Ness de l'histoire des sciences qu'est « l'affaire Schrödinger » constitue un véritable symptôme qu'on peut résumer sous l'affirmation que, somme toute, ce sont les physiciens qui ont inventé la biologie moléculaire. Il est ainsi suggéré que la matière vivante étant structurellement physico-chimique, la physique est l'horizon obligatoire de la biologie. Et ce sans tenir compte du fait, pourtant avéré, que les phénomènes spéciaux à la biologie requièrent un corps de concepts et des théories spécifiques. La biologie ne peut donc être considérée seulement comme une physico-chimie du vivant, même si l'efficacité expérimentale en biologie passe par la maîtrise des concepts et des outils de la physique et de la chimie.

La notion de gènes joue là un rôle essentiel puisque c'est bien la découverte des gènes de développement qui permet d'unir dans un même corpus de compréhension, une théorie du vivant, les disciplines traitant des phénomènes les plus spécifiques de la matière vivante : génétique, développement et évolution. Sur cette base, tout en empruntant – cela va de soi – aux autres disciplines, c'est-à-dire la physique et la chimie d'un côté et les sciences humaines de l'autre, la physiologie se fonde en discipline autonome dans sa théorie. On verra plus loin – ce point a été évoqué à propos de Brillouin – que la même question du rapport à la physique se pose dans un autre domaine souvent considéré comme à l'avant-garde de la biologie, celui de l'étude du cerveau cognitif.

Il ne s'agit pas seulement – malgré les apparences – d'une querelle de théologiens. Les effets de cette « philosophie spontanée » des biologistes, qui ont intégré au plus profond d'eux-mêmes l'idée que la physique était la Science idéale, voire l'Idéal de toute science et qu'à terme la biologie devra se fondre dans la physique, en devenir une branche, sont très concrets. Par exemple, l'image du cerveau-ordinateur a imprégné notre conception de la cognition à tel point que ce n'est que très récemment que l'idée d'un renouvellement des cellules cérébrales a pu se faire jour. Que le cerveau puisse être non pas un système physique voué à une lente dégradation par accroissement d'entropie mais, conformément à l'idée bernardienne, un système voué à un renouvellement synaptique et cellulaire avec mort et création de neurones n'a été admis – non sans réticences – que ces toutes dernières années.

La recherche ne se fait pas dans le vide. Elle demande des financements et plus ces financements sont importants, plus les vues stratégiques prennent du poids dans la définition des lignes de recherche dont on espère qu'elles ouvriront sur des découvertes de plus en plus spectaculaires, annoncées à un rythme de plus en plus soutenu. Dans un souci compréhensible et louable d'épargner les deniers publics, les stratèges sont persuadés de faire œuvre utile chaque fois qu'ils prononcent le mot magique de multidisciplinarité ou d'interdisciplinarité. « Les projets interdisciplinaires seront favorisés » : tel est le leitmotiv qu'on retrouve le plus souvent dans les appels d'offre à projets de recherche en biologie. Il ne s'agit pas de nier l'utilité de ces interfaces entre disciplines, et tout biologiste sait qu'il peut avoir, à un moment ou à un autre, intérêt à développer un programme de recherche avec un chimiste ou un physicien. Mais il serait dangereux de sacrifier, faute de financements, des lignes de recherche disciplinaires en se laissant aller à l'illusion que la clef du succès se trouve nécessairement et miraculeusement à l'interface des disciplines et donc de défavoriser systématiquement ceux qui préfèrent creuser leur propre domaine plutôt que celui du voisin. Enfin, de façon très large, autant les interactions entre champs disciplinaires peuvent parfois être intéressantes et fructueuses, autant brouiller les frontières théoriques entre disciplines, que ce soit pour physicaliser les sciences biologiques, biologiser les sciences humaines ou pour humaniser les sciences biologiques, peut se révéler un jeu pervers et dangereux.

CHAPITRE III

Le tout début de la tête

Le système nerveux est régionalisé et la formation de la tête est, à son tout début, partiellement indépendante de celle du reste du corps. La régionalisation du système nerveux et la notion d'induction homéogénique. Comparaison entre les gènes de développement de la mouche drosophile et ceux des vertébrés, et démonstration d'une conservation fonctionnelle partielle. Conséquences quant à l'évolution et à ses mécanismes. Des réseaux génétiques plutôt que des gènes maîtres. Le concept hérétique de protéine infectieuse et la possibilité de l'utiliser pour modéliser le développement du cerveau. Évolution et Développement (Évo/Dévo) : une nouvelle discipline est née.

Au cours du développement se constituent, très tôt, à l'étape appelée gastrulation, trois feuillets embryonnaires : l'ectoderme, l'endoderme et le mésoderme. Le premier donnera naissance à la peau et au tissu nerveux, le deuxième aux muscles, à la lignée hématopoïétique et aux os, le troisième au tube digestif et à ses glandes annexes comme le foie, la thyroïde ou le pancréas. La première étape de la formation du tissu nerveux est l'induction neurale. Elle implique, au niveau dorsal de l'embryon, des interactions entre le tissu mésodermique inducteur et le tissu ectodermique induit. Cette induction, découverte grâce à des expériences de greffes de tissus embryonnaires chez le triton par Mangold et Spemann, dans les années 1930, engage une partie de l'ectoderme dorsal dans la voie neurale, l'autre partie donnant naissance à l'épiderme. Je ne reviendrai pas dans le détail sur cette question ni – quitte à faire l'impasse sur des progrès récents – sur celle de la longue chasse aux inducteurs neuraux, déjà traitée dans *Les Anatomies de la pensée,* mais je développerai la question de la régionalisation en insistant tout particulièrement sur la formation de la tête, donc du cerveau. En effet, le système nerveux est régionalisé, cela se voit au niveau anatomique, avec les différentes structures (cortex, mésencéphale, cervelet, etc.) qui occupent des territoires précis le long des axes antéropostérieur et dorso-ventral, mais aussi sur le plan génétique avec l'expression localisée, transitoire ou non, des gènes de développement.

Le mésoderme sous-jacent à l'ectoderme étant, lui aussi, régionalisé, avec des régions antérieures et des régions postérieures, il est concevable qu'au cours de l'induction neurale, des signaux distribués de façon hétérogène de l'avant à l'arrière du mésoderme induisent les différentes régions de l'ectoderme, le long de son axe antéropostérieur. À cette possibilité d'une induction neurale ainsi définie comme homéogénique, on pourrait opposer l'idée que l'ectoderme est rendu neural, globalement tel, puis que la régionalisation relève d'un phénomène secondaire de segmentation du territoire en sous-territoires ou de l'extension du territoire initial par prolifération cellulaire, un bourgeonnement, et par spécification des régions néoformées. Une troisième possibilité serait que les deux événements, induction et régionalisation, soient concomitants mais indépendants, le mésoderme induisant le tissu nerveux avec certains facteurs et le régionalisant avec d'autres. Cette question est loin d'être réglée pour l'ensemble du tissu nerveux. Cependant, nombre de données suggèrent aujourd'hui que l'induction des structures cérébrales et celle du tronc se font de façon distincte et impliquent deux systèmes d'induction séparés. Nous oublierons donc le tronc pour ne plus nous intéresser qu'à la tête, et ce essentiellement du point de vue de la génétique.

Chez les arthropodes (la mouche par exemple), le système nerveux antérieur est constitué de deux ganglions, le supraœsophagien et le subœsophagien. Le ganglion supraœsophagien est divisé en trois domaines appelés, d'avant en arrière, protocerebrum, deutocerebrum et tritocerebrum. Parmi les gènes de développement exprimés dans ces régions antérieures, nous nous intéresserons, pour la démonstration, à un gène appelé orthodenticle (Otd). Orthodenticle appartient à la grande famille des gènes de développement pourvus d'une homéoboîte (les gènes Hox en font aussi partie). Ce gène codant un facteur de transcription (régulateur, donc, de l'expression d'autres gènes) a d'ailleurs été découvert sur la base de la conservation de cette homéoboîte retrouvée dans tous les gènes de la famille. Sur le plan fonctionnel, Otd ne correspond pas, comme les gènes Hox, à un gène homéotique dans la mesure où sa mutation (délétion ou surexpression) ne conduit pas au changement du devenir morphologique d'un segment ou d'une partie d'un segment (comme la transformation aile-œil ou antenne-patte). Il s'agit d'un gène GAP (au sens où sa délétion crée des pertes de tissu importantes, des *gaps*) exprimé dans un domaine qui, d'abord très large à l'avant de l'embryon, se restreint progressivement avec le développement de la mouche pour se concentrer, finalement, dans le protocerebrum et une grande partie du deutocerebrum, les deux segments les plus antérieurs du système nerveux central des arthropodes. L'inactivation d'Otd (sa perte) conduit donc à une délétion très large affectant le domaine d'expression du gène ; le cerveau de la mouche en est monstrueusement réduit. Chez certains allèles (mutations partielles ou défaut d'expression à certains stades seulement), certaines structures sensorielles, dont des structures visuelles accessoires, les ocelles, sont perdues.

Comme ce fut le cas pour les gènes Hox, sur la base d'homologies de séquences avec l'homéoboîte, on a identifié chez les mammifères deux gènes appelés Otx1 et Otx2 (chez la souris) et OTX1 et OTX2 chez l'Homme (règle des majuscules pour l'espèce humaine). Dans le système nerveux de la souris, Otx2 s'exprime très largement au niveau de ce qui donnera naissance au télencéphale (le cortex et les structures sous-corticales), au diencéphale (région plus postérieure, à l'origine des noyaux thalamiques et sous-thalamiques comme l'hypothalamus) et au mésencéphale (structure encore plus postérieure qui se différencie en tectum et en une partie du cervelet). Cette expression très large correspond à peu près au domaine d'expression de Otd dans le protocerebrum et le deutocerebrum de la mouche. Otx1 apparaît un peu plus tard et est exprimé dans une zone comprise à l'intérieur du domaine d'expression de Otx2.

Analogies structurelles, similitudes dans les domaines d'expression, mais qu'en est-il des propriétés fonctionnelles ? L'invalidation – par délétion du gène – de Otx2 chez la souris conduit à la perte des structures antérieures. L'embryon se développe sans tête et meurt avant la naissance. Ce phénotype, qui rappelle celui de la mutation Otd chez la mouche, s'explique de façon un peu compliquée et m'oblige à revenir temporairement sur la question de la régionalisation de l'induction neurale. En fait, chez les mammifères, le tissu qui induit l'ectoderme (on parle d'épiblaste) à se différencier en système nerveux antérieur est d'origine embryonnaire – il résulte de l'œuf fécondé –, mais ne donnera aucun organe de l'embryon lui-même ; il en constitue ce qu'on appelle une annexe et est appelé endoderme viscéral antérieur. Otx2 s'exprime d'abord dans cet endoderme viscéral antérieur et c'est cette expression qui est nécessaire, par la suite, à celle de ce même gène Otx2 dans l'épiblaste antérieur, ou futur système nerveux antérieur. C'est très important car, pour ainsi dire, tout se passe comme si le caractère antérieur – l'expression de Otx2 – passait de l'endoderme viscéral à l'épiblaste selon un processus homéogénique dans lequel la régionalisation du tissu inducteur est transmise au tissu induit.

La souris est donc sans tête parce que le système nerveux antérieur n'est pas induit. Et il n'est pas induit parce que l'endoderme viscéral a perdu son caractère antérieur – ou ne l'a jamais eu. L'arrière du système, la future moelle épinière, est en revanche bien présent et ce mécanisme illustre de façon dramatique – une anencéphalie ou absence de tête – que, dès le stade de son induction, dès son tout début, l'avant du système nerveux est différent de l'arrière. À vrai dire, ce phénotype sans tête est compatible avec plusieurs modes d'induction du tissu nerveux. On peut, en particulier, penser que Otx2, exprimé dans l'endoderme viscéral, code un ou plusieurs facteurs inducteurs antérieurs, différents des inducteurs postérieurs, spécifiques de l'induction de la tête et capables, après sécrétion et mise en contact avec l'épiblaste (via des récepteurs), de lui conférer un caractère à la fois neural et antérieur. Une autre possibilité serait que Otx2 code des facteurs antériorisants distincts des facteurs inducteurs. La compréhension du rôle exact de Otx2 demande donc que sa position dans les deux réseaux génétiques auxquels il participe, dans le tissu inducteur puis dans le tissu induit, ait été déterminée. En clair il faut savoir comment est régulée l'expression d'Otx2 dans les deux tissus et quels sont les gènes (on parle de gènes cibles) dont Otx2 régule l'expression, aussi dans les deux tissus. L'existence d'un deuxième gène Otx pourrait nous y aider.

Il y a, en effet, chez les mammifères deux gènes Otx : Otx2 dont nous venons de parler, et Otx1. L'inactivation de Otx1 est loin d'avoir les effets de celle de Otx2. Tout d'abord, l'expression de Otx1 est tardive par rapport à celle de Otx2 et, surtout, les souris invalidées naissent avec un cerveau et survivent. Ce cerveau est légèrement anormal ; on note en particulier un amincissement d'une zone du cortex (cortex pariétal) et des défauts comportementaux dont une propension à faire de graves crises épileptiques. Mais un des aspects les plus intéressants ne concerne pas le système nerveux au sens propre mais l'oreille interne. Ces souris perdent, en effet, le conduit semi-circulaire latéral de l'oreille interne, structure qui apparaît au cours de l'évolution avec la transition des poissons sans mâchoires (agnathes) aux poissons à mâchoires (gnathostomes).

La correspondance des domaines d'expression respectifs de Otd et Otx2 chez la mouche et chez la souris ainsi que la similitude des phénotypes anencéphaliques résultant de leur inactivation suggérait, comme dans le cas des gènes Hox, l'existence d'une orthologie (homologie à travers l'évolution). Pour que la démonstration soit totalement satisfaisante, il fallait y ajouter l'épreuve de la complémentation génétique. Les premières expériences de complémentation ont consisté à remplacer Otd chez la mouche par Otx2 ou Otx1 et à constater que « ça marche » : l'un ou l'autre des deux gènes de souris peuvent remplacer Otd chez la mouche. À l'inverse, Otd peut remplacer Otx1 chez la souris pour presque tous les défauts observés, y compris le comportement épileptique, à l'exception notable du défaut d'oreille interne qui n'est pas récupéré. Très récemment, il a été montré que Otd peut aussi remplacer Otx2, mais que cette complémentation est partielle, on le verra dans un instant.

Auparavant, il me faut laisser la mouche et expliquer les expériences dans lesquelles, chez la souris, Otx1 a été remplacé par Otx2 et vice versa. Comme dans le cas de Otd, le remplacement de Otx1 par Otx2 conserve presque toutes les fonctions de Otx1, mais pas la structure normale de l'oreille interne. Cette observation suggère très fortement que Otd et Otx2 sont les vrais orthologues puis que – beaucoup plus tardivement – Otx2 s'est dupliqué, cette duplication permettant, au cours de l'évolution, une spécialisation des deux gènes paralogues (homologues au sein de la même espèce) et donc une diversification de fonctions, une des copies évoluant vers Otx1 et conduisant à l'acquisition d'une structure de l'oreille interne et d'une fonction corticale plus tardive.

Le remplacement de Otx2 par Otx1 est particulièrement intéressant. En effet, Otx1 mis à la place de Otx2 est, c'est normal dans un cas de remplacement, transcrit en ARN messager au bon endroit et au bon moment, c'est-à-dire à l'endroit et au moment où Otx2 l'eût été ; normalement, la synthèse du messager est suivie de sa traduction en protéines. C'est bien ce qui se passe au niveau de l'endoderme viscéral qui, dès lors, est antériorisé. Il y a donc bien eu, à ce niveau, sauvetage par complémentation du phénotype Otx2 par Otx1. Mais, contrairement à ce qui était attendu, si on trouve bien dans l'épiblaste (la région de l'ectoderme qui doit donner le système nerveux antérieur ou le cerveau) le messager de Otx1, la protéine y est absente. Le gène Otx1 est donc transcrit au bon endroit et au bon moment mais il n'est pas traduit à partir du messager. Dans la mesure où c'est la protéine Otx1 qui fait le travail consistant à réguler l'expression d'autres gènes qui codent des protéines accomplissant les programmes développementaux, le système nerveux antérieur est bien induit (la présence du messager de Otx1 le prouve) mais – faute de la protéine – est incapable de se maintenir, ou de s'étendre. Résultat, la souris, ou plutôt l'embryon, meurt sans tête. La même chose se produit quand Otx2 est remplacé par Otd, bien que ces deux gènes soient, nous l'avons vu, orthologues. Cela suggère, d'une part, que les messagers des gènes Otx présentent, dans leur structure, des signaux qui régulent leur traduction en protéines et, d'autre part, que l'induction de la tête et son maintien sont deux phénomènes distincts.

Que retenir, finalement, de ces expériences sur le rôle de Otd/Otx dans la formation de la tête ? Bien sûr que les systèmes d'induction de la tête et ceux du tronc sont distincts chez les vertébrés, mais aussi chez les arthropodes, et donc que la tête – cerveau compris – existait chez l'ancêtre que nous partageons avec les arthropodes et, très probablement, chez l'ancêtre de cet ancêtre. Mais au fond, même si nous pouvons jouer avec elle, pour nous en émerveiller de façon quelque peu naïve, l'idée que notre histoire évolutive se croise avec celle des mouches et de tous les autres êtres vivants a cessé de nous étonner. Il est sans doute plus important de comprendre ce qui fonde biologi quement notre singularité de vertébré, de mammifère et d'Homme. Ce lien de parenté avec les autres espèces est surtout intéressant parce qu'il permettra, dans les chapitres suivants, de penser notre distinction, la seule chose qui, au fond, nous importe puisqu'elle nous place en haut de l'échelle des espèces, sinon bio- logiquement, là il n'y a guère de hiérarchie, mais phi- losophiquement puisque, après tout, c'est bien nous qui écrivons sur les mouches et non l'inverse.

Une deuxième leçon importante, née des expériences de complémentation entre Otx2 et Otx1, est qu'il est parfois aventureux de tirer des conclusions définitives à partir de la seule transcription des gènes, c'est-à-dire de la présence de leurs messagers. Le cas de Otx1 qui, mis à la place de Otx2, est bien transcrit et traduit dans l'endoderme viscéral antérieur (messager et protéine sont présents) mais n'est que transcrit dans l'épiblaste (seul le messager est présent) illustre cette difficulté. Il existe donc une limite aux conclusions que nous donnent les techniques dites d'hybridation in situ, tirées de l'anatomie, qui permettent de suivre le patron d'expression des ARN messagers, mais ne disent pas si l'activité biologique, portée par les protéines, est aussi présente.

De fait, les expériences rapportées dans le cas exemplaire de Otx/Otd mettent en évidence les nombreux niveaux de régulation qui existent entre le génome et la fonction physiologique. Au-delà de la seule régulation de la transcription et de la sélection d'un des messagers qui peuvent être formés parmi les différents messagers issus d'un même premier produit de transcription ou prémessager (on appelle cela l'épissage) entrent en ligne de compte le transport du messager depuis le noyau vers le cytoplasme, sa traduction, l'adressage des protéines vers les différents sites de la cellule, y compris à l'extérieur de la cellule, les modifications post-traductionnelles (addition de sucres, de phosphates...) de ces protéines, etc. Toutes ces étapes qui vont du gène au produit fini offrent autant de possibilités de contrôle du processus physiologique.

Un troisième point de réflexion est que tout se passe comme si Otx2 jouait, en fin de compte, le rôle d'inducteur cérébral. Sans Otx2, pas de tête et certains cas d'anencéphalie humaine sont directement liés à des mutations de ce gène. Mais le mécanisme mis en cause nous échappe partiellement et ce pour la raison essentielle que Otx2 est un facteur de transcription et donc n'est pas directement impliqué dans l'exécution du programme. Otx2 régule l'expression d'autres gènes, ou gènes-cibles. Certains gènes-cibles codent aussi des facteurs de transcription et d'autres codent des effecteurs, des gènes qui, eux, participeront directement à la construction, au sens propre, de la tête. Par exemple, il est probable que Otx2 régule, directement ou non, l'expression d'un ou plusieurs facteurs sécrétés par les cellules inductrices de l'endoderme viscéral antérieur. Ces facteurs, en interagissant avec les cellules de l'épiblaste, transmettent un signal qui, lui-même, participe à l'induction de la transcription de Otx2 dans les cellules de l'épiblaste. À son tour, Otx2 – qui, par ce jeu complexe, a été comme transféré de l'endoderme viscéral à l'épiblaste – participe par son activité transcriptionnelle à l'initiation d'une chaîne de synthèse de facteurs qui exécutent le programme « faire une tête ».

En clair, Otx2, comme tous les autres gènes de développement, n'est qu'un élément dans un réseau où sont mêlés des facteurs de transcription, dont Otx2 fait lui-même partie, et des facteurs autres que transcriptionnels. On comprend donc qu'une tâche importante à laquelle les embryologistes sont aujourd'hui confrontés est d'identifier les partenaires de ces réseaux, de comprendre les hiérarchies qui unissent ces partenaires et d'élucider les interactions qui prennent place entre réseaux. La recherche des gènes-cibles a longtemps échoué, d'une part pour des raisons techniques, d'autre part parce que ces facteurs de transcription n'agissent pas seuls, mais sont associés à un certain nombre de cofacteurs et que la spécificité de leurs interactions avec l'ADN – nécessaire à la fidélité de leur activité – est en partie régulée par ces interactions entre protéines. Reproduire la complexité de ces processus dans les modèles expérimentaux les plus répandus et les mieux manipulables était, on le conçoit, d'une grande difficulté. Il est toutefois probable que la connaissance du génome, maintenant à notre portée, d'ores et déjà acquise pour quelques espèces et très proche de l'être pour d'autres, la conservation – au moins partielle – des réseaux génétiques entre espèces distinctes et le développement de techniques permettant l'analyse globale du génome à l'état transcriptionnel (le transcriptome) voire au niveau des protéines synthétisées (le protéome) conduiront à l'identification rapide des partenaires d'un même réseau génétique.

Cette idée de réseau, qui peu à peu se fait jour dans la communauté des embryologistes et qui nous éloigne clairement de celle trop simple de « gènes maîtres » suggère que la détermination d'un territoire, et cela est généralisable, au-delà de la question de la tête, à l'embryologie tout entière, est liée à l'activité de réseaux génétiques pouvant recruter un nombre assez important de gènes, probablement entre dix et cent. Un tel système d'interactions génétiques où les produits des gènes du réseau agissent en boucle sur l'activité de ce même réseau est modélisable mathématiquement (quelques exemples existent) et permet de comprendre comment ces réseaux déterminent des modules morphologiques momentanément stables et interagissant par le biais de facteurs sécrétés avec d'autres modules pour les stabiliser ou, au contraire, les faire changer d'état. Pour reprendre le système qui nous a servi d'exemple, on peut considérer que l'endoderme viscéral antérieur représente un de ces modules dont une des activités est de produire des signaux qui agissent sur l'épiblaste et, en y initiant la transcription de Otx2, le font changer d'état, passer d'un état transcriptionnel stable à un autre, induisant ainsi un module « cerveau antérieur ».

Le module cerveau antérieur est alors confronté au module cerveau postérieur, caractérisé par l'expression d'un autre homéogène appelé Gbx2, et ces deux ensembles interagissent l'un sur l'autre. C'est au niveau de leur frontière, en effet, que se constitue une zone qui, dans un contexte de prolifération cellulaire, permet l'établissement et la stabilisation d'un territoire mésencéphalique et cérébelleux, lui-même dépendant de la stabilisation d'un autre réseau génétique dont certains éléments, facteurs de croissance et gènes de développement, sont bien identifiés. Ainsi, par le jeu combiné des facteurs de croissance et des facteurs de transcription, se met progressivement en place, le long des axes antéropostérieur et dorso-ventral, un ensemble de modules génétiques, morphologiques et fonctionnels stables qui donneront naissance à une ébauche plus ou moins définitive de ce que nous appelons cerveau.

Dans le schéma qui vient d'être exposé, les zones de contacts entre modules apparaissent comme fondamentales. Dans un espace donné, c'est leur position qui délimite les territoires, induit l'apparition des nouveaux territoires et, finalement, détermine l'arrangement et la taille des différents domaines cérébraux. Mais cette position des zones frontières est elle-même sous le contrôle de l'activité des réseaux génétiques des modules qui la bordent. Des expériences récentes et spectaculaires démontrent que, si on antériorise par une manipulation génétique, opération assez banale aujourd'hui, l'expression de Gbx2, on augmente la taille du territoire postérieur au détriment du territoire antérieur exprimant Otx2 et que, la zone frontière étant antériorisée, le territoire mésencéphalique ou le cerveau moyen, qui naît de cette confrontation antérieur/postérieur (ou Otx2/Gbx2) est lui aussi antériorisé. À l'inverse, si, par une autre manipulation, on déplace l'expression de Otx2 vers des zones postérieures, ce cerveau moyen est alors déplacé vers l'arrière.

On assiste donc à une sorte de guerre des modules, qui n'est autre qu'une guerre des réseaux génétiques dans laquelle des gènes comme Otx2 ou Gbx2, mais on pourrait en nommer bien d'autres, jouent un rôle crucial en initiant ces réseaux et en assurant leur pérennité. Une autre de leurs fonctions pourrait être d'empêcher que d'autres facteurs de transcription ne prennent le dessus, entraînant un changement d'état indésirable. Par exemple, si Gbx2 venait à s'exprimer dans les territoires antérieurs, ceux-ci pourraient être postériorisés et adieu cortex ! De ce fait, si certains bords doivent permettre l'invasion du même gène contrôleur, par exemple l'induction de Otx2 dans l'épiblaste alors qu'il n'était présent que dans l'endoderme viscéral antérieur, d'autres doivent empêcher une telle invasion. Une stratégie utilisée, typique des stratégies du vivant, est celle de l'inhibition réciproque : dès qu'un de ces facteurs de transcription ou une certaine combinatoire de ces facteurs atteint un niveau fort d'expression, la chance qu'a une combinatoire « adverse » de s'exprimer devient quasiment nulle.

Un tel jeu d'invasion et de défense transcriptionnelles peut avoir certaines implications dont je m'empresse de souligner le caractère hypothétique. La première de ces implications est que les réseaux pourraient fonctionner en l'absence de gènes « maîtres » ou à un niveau d'expression relativement bas de ces gènes, à condition que d'autres gènes du même « calibre » soient, eux aussi, absents. Pour prolonger la métaphore guerrière, ces gènes seraient fondamentaux dans la guerre de mouvement qui accompagne le développement, mais deviendraient moins importants dans les territoires adultes pacifiés et protégés par des frontières sûres. Chez l'adulte, ces gènes pourraient avoir d'autres fonctions, en recrutant d'autres cibles transcriptionnelles et en activant d'autres réseaux, par exemple impliqués dans la cognition ou l'humeur, tout en assurant le renouvellement des cellules nerveuses à partir des progéniteurs adultes. Je reviendrai sur ce point.

Une deuxième ligne de réflexion est que ces facteurs de transcription répondent assez bien à la notion de morphogène. Cette proposition est hérétique puisque dans la définition, sur laquelle je reviendrai à propos d'Alan Turing, un morphogène doit diffuser à l'intérieur d'un champ morphogénétique et que cette diffusion nécessite une sortie de la cellule. Un facteur de croissance, par exemple, sera sécrété par une source et se répartira de façon non homogène dans le champ morphogénétique, induisant chaque sous-domaine de ce champ à répondre de façon spécifique en fonction de la concentration en morphogène.

Mais quand il s'agit d'un facteur de transcription qui agit dans le noyau, à supposer que sa sécrétion soit possible, encore faudrait-il qu'elle soit suivie de son internalisation et de son adressage nucléaire, c'est-à-dire de son passage dans le noyau des cellules receveuses où il pourra interférer avec l'activité des réseaux génétiques locaux, sauf si un autre gène « dominant » l'en empêche, par exemple en s'opposant à la capacité de ce facteur de transcription d'activer sa propre synthèse et donc de s'approprier le territoire envahi, à la manière d'un virus ou plutôt d'une protéine infectieuse, puisque la cellule – à l'inverse de la garde impériale – est conquise mais ne meurt pas. Passant à l'ennemi, elle change simplement de destin.

Ce modèle dans lequel un facteur de transcription joue ainsi un rôle de morphogène existe chez l'embryon de mouche précoce. Chez cet organisme, trois heures environ après la fécondation, les noyaux ont proliféré mais ne se sont pas encore entourés de membranes cellulaires. Cette structure en syncitium, comme dans un muscle, permet à un facteur de transcription à homéodomaine appelé bicoïd de diffuser librement depuis l'avant de l'embryon (son site de synthèse). La concentration en bicoïd, le morphogène, décroît donc de l'avant à l'arrière de l'embryon, formant un gradient. De ce fait, chaque noyau le long de l'axe antéropostérieur est exposé à une concentration particulière. Selon les zones de concentration, car il existe des effets seuils, ce sont des réseaux génétiques distincts qui sont activés, et c'est ainsi que sont définis à l'intérieur de l'embryon les premiers grands domaines morphogénétiques.

C'est dans ce contexte que pourrait venir s'insérer la démonstration que plusieurs protéines virales, quelques facteurs de transcription et de nombreuses protéines à homéodomaine sont sécrétés et internalisés et donc que, malgré la présence de membranes, des ensembles cellulaires peuvent se comporter comme des syncitiums vis-à-vis de certaines protéines. Dans la mesure où ces observations ont, pour l'instant, été faites sur des modèles de culture cellulaire et n'ont pas – à ce jour – été vérifiées dans un contexte physiologique, l'hypothèse du transfert intercellulaire des protéines à homéodomaine considérées comme des morphogènes (sur laquelle mon laboratoire travaille depuis plusieurs années) garde un parfum d'hérésie et doit être envisagée avec précaution. Si, cependant, elle se trouvait vérifiée in vivo, notre façon de concevoir l'ontogenèse, en particulier celle du système nerveux, pourrait s'en trouver notablement modifiée.

Je reviendrai sur cette question dans le chapitre VIII, mais, pour finir, quittons le développement pour l'évolution. Les expériences Otd/Otx illustrent en effet remarquablement à quel point la génétique du développement rejoint aujourd'hui les sciences de l'évolution. Dans cette veine, la possibilité nous est donnée d'affirmer la parenté – au moins génétique, ce qui n'est pas rien mais est loin d'être tout – entre le cerveau des vertébrés et celui des arthropodes. Mais ce qui est peut-être encore plus fascinant reste l'hypothèse de duplication de Otx2 et de la divergence progressivement installée entre les deux paralogues. C'est cette divergence qui aura permis l'acquisition, par Otx1, de nouvelles fonctions (l'oreille interne) et conduit à la perte, toujours par Otx1, de fonctions plus anciennes comme le maintien du neurectoderme antérieur. Le terme Évo/Devo, évolution et développement, est là pour baptiser cette nouvelle discipline à la frontière de ces deux domaines et, aussi, pour montrer à quel point elles sont imbriquées. C'est dire combien la génétique du développement a tenu les promesses de ceux qui au XIXe siècle annonçaient, comme Haeckel, la parenté entre développement et évolution.

Pour rester dans la veine évolutive, la possibilité d'identifier des gènes orthologues – homologues à travers l'évolution comme Otd et Otx2 – mais aussi des réseaux génétiques orthologues permet de répondre à des questions très anciennes, objets de controverses scientifiques restées longtemps sans issue pour la simple raison qu'il n'était pas possible, jusqu'à cette fusion entre développement et évolution, de trancher expérimentalement. La situation a bien changé puisqu'il est clair que ce qui vient d'être décrit dans le cas Otx/Otd pourrait entrer dans le cadre d'une évolution expérimentale. Qu'on songe simplement à la question de l'oreille interne et à la transition agnathes/ gnathostomes. Je vais maintenant brièvement donner une autre illustration de l'importance de la génétique du développement dans l'interprétation des données évolutives en traitant brièvement la question du « cortex » des oiseaux.

En effet, si l'organisation cérébrale est très proche entre oiseaux et mammifères quand on se contente de comparer des structures comme le mésencéphale ou le tronc cérébral, cette homologie perd rapidement son évidence quand on en vient à s'intéresser au cerveau antérieur. La question des homologies entre structures chez les oiseaux, reptiles et mammifères était donc – il y a peu – et pour ce qui est du cortex ou des noyaux sous-corticaux, comme le striatum, assez controversée. Et si elle a cessé de l'être, ou l'est de façon moins âpre, cela est dû, sans doute, à l'introduction des gènes de développement comme révélateurs d'homologies invisibles par la seule observation de l'organisation anatomique : forme des régions, schéma des innervations, etc.

Le télencéphale est la partie la plus antérieure du système nerveux central. Chez les mammifères, il est composé de deux régions distinctes. D'une part, le cortex cérébral structuré en six couches, d'autre part, les ganglions de la base, striatum et pallidum, qui sont des structures sous-corticales (localisées sous le cortex). Chez les oiseaux et les reptiles, rassemblés sous le terme de sauropsidés, le télencéphale est d'apparence plus uniforme, et on note l'absence d'un cortex à six couches, lequel peut donc être considéré comme une invention récente de l'embranchement des mammifères. Grâce à l'étude de l'expression de plusieurs gènes de la famille des homéogènes au cours du développement du télencéphale, il a été proposé de façon convaincante que les vésicules télencéphaliques des mammifères et des sauropsidés sont divisibles en trois domaines homologues – caractérisés par l'expression de gènes de développement homologues (ou plutôt orthologues) – et que l'acquisition de structures spécifiques comme le néocortex résulte de modifications développementales à partir d'un archétype commun.

En clair, le néocortex des mammifères, dans son étendue et sa complexité, est sans doute une invention des mammifères, mais il n'est pas né *ex abrupto* ; il n'est pas une addition apportée à un système plus ancien. Il était là, petit mais « attendant » l'occasion de se développer. Pour belles qu'elles soient, on devra donc renoncer aux images du moteur sur une charrue ou du frein cortical venu contrôler les débordements d'un cerveau reptilien qui ont fait les beaux jours d'une psychologie de la régression évolutive rêvant d'expliquer certaines déviances ou maladies par le retour atavique d'un cerveau primitif ayant inopinément échappé à la surveillance du néocortex.

CHAPITRE IV

Des pieds à la tête

Le plan de l'animal se trouve dans les chromosomes et se transmet génétiquement. Ce plan est porté par les complexes de gènes homéotiques présents sur un chromosome chez les arthropodes et quatre chez les vertébrés. Le corps est aussi représenté, à plusieurs exemplaires, dans le cerveau sous la forme de réseaux neuronaux. La construction de ces représentations cérébrales n'est pas directement codée par les complexes de gènes homéotiques. Les systèmes sensoriels participent à la construction de réseaux de neurones cérébraux. Introduction de la notion d'homuncule. Rapport entre les homuncules génétiques (complexes homéotiques), le corps et les représentations cérébrales.

Quoi de plus triste qu'une tête seule et vide, ou peu s'en faut ? Car si la tête vient la première, elle n'achève pas pour autant sa construction toute seule, il lui faut être alimentée de l'extérieur au cours de son développement comme au cours de la vie adulte. Pour faciliter la démonstration, faisons comme si les deux pièces, le cerveau et le reste du corps, étaient usinées séparément, et puis voyons comment elles s'agencent l'une sur l'autre. Chacun le sait bien et a oublié de s'en étonner : d'un œuf de poule sort une poule et d'un œuf de canard sort un canard. On peut faire défiler ainsi l'arche de Noé. Derrière cette évidence se cache un mécanisme dont la précision et la reproductibilité ne manquent pas d'être étonnantes puisqu'un œuf est une cellule et qu'un organisme est constitué de milliards de cellules. Entre l'œuf – produit de la fécondation – et la forme achevée, la réalisation des programmes de division, migration, différenciation, mort (qui est une différenciation) cellulaires résulte en la production d'un imago, toujours le même – caractéristique de l'espèce –, aussi vrai que tout un chacun sait distinguer un homme d'un macaque.

Cette incroyable reproductibilité souligne l'existence dans l'œuf d'un plan, au sens de plan des architectes, qui se transmet de génération en génération. La plupart des embryologistes ont pour occupation l'étude de cet atavisme de la forme et la construction de l'imago. Mais il faut insister sur ce point, et j'aurai à y revenir, c'est sur ce fond purement génétique, le plan de l'imago, que se construisent les singularités individuelles. Ce fond offre les conditions d'existence et trace les contours de ces singularités. Pour certaines espèces, le plan est très contraignant et ne laisse pas grande place à la variabilité ; pour d'autres, au contraire, il constitue un ensemble d'instructions laissant un espace considérable à la variation individuelle. Les biologistes travaillent sur les mécanismes universels qui permettent d'établir le plan, de le transmettre, de le modifier et, à partir de ce plan, de construire ces singularités que sont les individus. Ils n'ont pas pour mission de faire une théorie de chaque individu, mais seulement d'expliquer comment les individus se construisent à travers un processus d'individuation dont l'importance varie avec les espèces. Les architectes du plan sont les gènes de développement, dont j'ai souligné dans le premier chapitre à quel point ils diffèrent des autres gènes moins fondamentaux, ceux qui, par exemple, codent la couleur des yeux ou la forme des poils.

La réponse à la question de la construction de l'imago, ainsi qu'à celle de son atavisme, a été permise par les travaux de l'école de Morgan. J'ai déjà introduit, toujours dans le premier chapitre, les gènes de développement de la famille Hox, dont les mutations produisent des monstres. Ces mutations qui, chez la mouche, transforment les yeux en ailes ou les pattes en antennes sont dites homéotiques, d'où viennent les termes de complexe HOM chez la mouche, Hox chez la souris et HOX chez l'Homme. Par homéotique on souligne le fait que tout ou partie d'un organe, l'antenne par exemple, est remplacé par tout ou partie d'un organe homologue, la patte et l'antenne sont des structures homologues portées par deux segments distincts de l'insecte. Je n'ai pas l'intention de revenir sur un point évoqué dans le premier chapitre et largement discuté dans *Les Anatomies de la pensée*, mais on peut rappeler ici que cette notion d'homologie porte en elle un scénario évolutif dans lequel la multiplication des segments aura été suivie par leur spécialisation. Par exemple (il s'agit d'un scénario fantaisiste et pas d'un fait de science), à supposer qu'un arthropode ancestral, à la suite de la duplication d'un fragment de chromosome, ait dédoublé un segment porteur d'une paire d'ailes, le monstre ainsi créé aura eu deux paires d'ailes. Le vol étant assuré par une seule d'entre elles, des mutations dans le domaine dupliqué du chromosome peuvent conduire à la transformation d'une des deux paires d'ailes en une paire d'organes autres, par exemple des yeux ou encore des balanciers, structures qui stabilisent le vol des diptères. C'est ainsi qu'on dira que l'œil, l'aile et le balancier sont des organes homologues.

Sur le chromosome qui les porte, toujours en nous en tenant aux arthropodes, ces différents gènes spécifiant, d'avant en arrière, le devenir morphologique des segments sont arrangés dans un ordre strict qui correspond à celui des segments dont ils dirigent la morphologie. C'est ainsi qu'on a à plusieurs reprises suggéré que le chromosome en question porte une image de l'arthropode ou, pour être plus précis, le plan de son imago. Cette localisation chromosomique du plan explique pourquoi – à chaque génération – l'œuf se développe en l'animal attendu sauf, évidemment, l'arrivée d'une mutation affectant le plan et provoquant donc la construction d'un animal modifié, d'un mutant qui aura peu de chances de passer l'épreuve de la sélection, sauf succès évolutif inattendu et le plus souvent permis par un isolement dans une niche écologique. Cette colinéarité du plan et des organes qu'on observe chez les arthropodes a été conservée chez les vertébrés à la suite des deux duplications chromosomiques qui au précambrien (il y a 540 millions d'années) ont transformé le complexe homéotique unique retrouvé chez Amphioxus, un autre descendant de l'ancêtre commun que nous partageons avec les arthropodes et les vertébrés, en quatre complexes présents chez la plupart des vertébrés dont, pour ce qui nous intéresse ici, les mammifères.

Dans ce processus de duplication, selon la règle dite de « un donne deux et deux donnent quatre », la disposition des gènes le long des chromosomes a été maintenue. Ce qui signifie, grossièrement, que les vertébrés au lieu d'avoir un imago en ont quatre. Par la suite, certains gènes ont été dupliqués avec acquisition de fonctions nouvelles ou perdus car, contrairement à ce qu'on aurait spontanément tendance à penser, l'évolution marche non seulement par complexification mais aussi, et plus souvent qu'on ne l'imagine parfois, par simplification. Il reste qu'en dépit des pertes de gènes ou de leur multiplication, la règle de colinéarité (l'ordre d'expression antéropostérieure et la fonction morphogénétique de ces gènes reflètent leur position sur les chromosomes) a été conservée et ce sont bien quatre imagos, ou si l'on préfère quatre homuncules, qui sont présents sur les chromosomes. Ce pourquoi d'un œuf de poule sortira toujours une poule, le plan porté par les chromosomes, le programme de développement, passant de génération en génération avec les instructions sur comment construire l'animal.

L'animal ne peut, en effet, se construire que selon ce plan : ici les membres antérieurs, et de telle forme ces membres ; ici le sexe, et de telle forme ce sexe. L'endoderme, le mésoderme et l'ectoderme sont divisés en plusieurs territoires ou modules, selon la terminologie proposée dans le chapitre précédent, qui se différencieront morphogénétiquement de façon appropriée en réponse – pour une part importante – à la combinatoire des gènes Hox exprimée par ce territoire et donc à l'activité de réseaux génétiques établis à une étape précoce de leur développement. Par exemple, le foie, le pancréas, les poumons et la glande thyroïde sont des dérivés endodermiques, des glandes qui ont bourgeonné à partir du système œsophagien et intestinal, mais la nature de ces glandes et l'ordre antéropostérieur de leur bourgeonnement avec, d'avant en arrière, thyroïde – poumons – foie/pancréas, sont dictés par les instructions génétiques du plan.

Il n'en va pas différemment des systèmes sensoriels, ouïe, vue, goût, odorat et toucher, qui mettent l'individu en contact avec le monde, intérieur ou extérieur. Concentrons-nous sur le toucher. Des neurones sensoriels établissent le contact entre la périphérie et la moelle épinière. Ces neurones s'articulent avec d'autres neurones dans la région dorsale de la moelle ; l'information qu'ils apportent, par exemple « le coude me démange », remonte ensuite vers les structures cérébrales avec relais obligatoire dans une structure cérébrale importante : le thalamus. À partir du thalamus, partie intégrante du cerveau antérieur, et dérivant d'un territoire diencéphalique localisé entre le mésencéphale et le télencéphale, d'autres neurones envoient leurs fibres vers les aires sensorielles du cortex. Ainsi, le dessin sensoriel du corps « monte-t-il » de la périphérie au cerveau, en faisant relais aux étages successifs : moelle épinière, thalamus et enfin cortex sensoriel.

Mais ces représentations ne s'achèvent pas au seul niveau du cortex sensoriel. Les neurones de cette aire projettent sur les autres régions corticales. Comme celles du cortex moteur dont les neurones descendent vers le thalamus et les structures sous-corticales mais aussi vers la moelle épinière où ils commandent les motoneurones, ceux qui permettent d'actionner nos membres. Le coude me démange ? La sensation de démangeaison monte vers le cortex sensoriel qui identifie le lieu de la démangeaison. Mais si je peux par un mouvement moteur gratter mon coude, c'est parce que le cortex moteur est informé par le cortex sensoriel de l'emplacement de cette gêne et « sait » actionner les muscles qui permettent d'y répondre.

De cette physiologie d'un mouvement exécuté – je me gratte le coude – en réponse à une information qui lie une sensation à une localisation, il ressort logiquement que les représentations sensorielles, au niveau du cortex sensoriel, sont forcément en contact avec les représentations motrices. Nous avons là deux représentations du corps, sensorielle et motrice, en contact dans un rapport topologique qui respecte dans ses grandes lignes celui du corps réel dont le miroir nous renvoie également un reflet. Même si elle nous est familière, cette image ne correspond qu'à une des représentations du corps. Pour le souligner, j'ai dans *Les Anatomies de la pensée* baptisé le corps réel homuncule du miroir. Ces représentations sensorielles et motrices, ces homuncules centraux ou bonshommes de Penfield, du nom du neurochirurgien qui les a découvertes dans le cerveau, sont constituées matériellement de neurones et de réseaux neuronaux dont la topographie globale respecte celle du corps. Avec, toutefois, des déformations qui reflètent la richesse de l'innervation périphérique des parties représentées. Par exemple, la main cérébrale chez l'Homme est disproportionnée en raison de la finesse de l'innervation sensorielle et motrice dont est le siège cette main que je vois. Cette main que, spontanément, je dirai réelle, même si elle ne l'est pas plus que ses autres matérialisations homunculaires, génétiques ou neurales.

Car la forme de la main, je l'ai souligné plus haut, est bien codée par l'homuncule génétique, c'est-à-dire par ces fameux gènes HOX dont il a déjà été question à multiples reprises. Comme ces gènes HOX ne sont pas exprimés dans le thalamus, non plus que dans le cortex, on doit s'interroger sur les mécanismes qui font que, même déformée, une main corticale reste une main. Faut-il supposer que les gènes de développement ou plutôt les réseaux génétiques dans lesquels ils sont insérés et dont l'activité dans les neurones cérébraux patronne la formation des réseaux (en contrôlant la croissance des prolongements neuronaux et la formation des contacts interneuronaux, les synapses) ont une « idée innée » de la main à construire ? Faut-il au contraire faire l'hypothèse selon laquelle ces neurones centraux sont informés de l'organe à représenter par l'arrivée, en particulier au niveau thalamique, des neurones sensoriels et spinaux qui eux – parce qu'ils expriment les gènes HOX – auraient une connaissance directe du plan génétique de cette main ? Pour tâcher d'être clair, la raison pour laquelle je précise que cette orchestration serait thalamique est que le thalamus reçoit directement des fibres spinales, ce qui n'est pas le cas du cortex. C'est un point particulièrement important sur lequel j'aurai l'occasion de revenir.

À vrai dire, l'idée que les représentations corticales peuvent être en quelque sorte « sécrétées » par la périphérie sensorielle, même si elle n'est acceptable que jusqu'à un certain point, on le verra plus loin, est assez ancienne. Elle repose sur un certain nombre d'observations et sur le modèle des vibrisses du museau de la souris. Ce modèle a été développé dans les années 1970 à la suite des expériences du groupe de Van der Loos. Les vibrisses, appelées communément moustaches, sont en réalité des récepteurs sensoriels – elles comportent une composante neuronale. Ces neurones font un relais dans le ganglion trigéminal où ils dessinent une carte des vibrisses, d'autres neurones prennent ensuite le relais et la carte se déplace ainsi de la périphérie au cortex en passant par le tronc cérébral et le thalamus. À chacun de ces niveaux, la carte (la représentation homonculaire) est donc présente et fidèle. En fin de trajet, au niveau cortical, à chaque vibrisse correspond un petit réseau neuronal qu'on appelle barillet. Il y a autant de barillets que de vibrisses et les rangées de barillets corticaux sont le reflet fidèle de celles des vibrisses périphériques présentes sur le museau de la souris.

L'expérience, due à l'ingéniosité de Jeanmonod et Van der Loos, a consisté à retirer à la naissance une rangée de vibrisses et à constater que cette rangée disparaît aussi dans le cortex. Ces chercheurs ont alors retiré la rangée à différentes périodes après la naissance pour constater que l'expérience marche de moins en moins bien, c'est-à-dire que, passé un certain stade, retirer les vibrisses ne supprime plus les barillets correspondants dans le cortex somato-sensoriel. Le membre est absent à la périphérie mais toujours présent dans le système nerveux central. Est-ce à dire que le cerveau sensoriel est une *tabula rasa* sur laquelle la forme périphérique, elle-même dictée par la forme génétique, viendrait s'inscrire comme dans une cire ? L'idée est tentante car nous savons que la représentation corticale est d'autant plus importante – plus de neurones, plus de fibres nerveuses, plus de synapses, plus d'activité physiologique – que la périphérie est plus stimulée. La main corticale d'un pianiste est plus importante que celle d'un bûcheron. Mieux, du fait de la plasticité morphologique adulte, la stimulation de l'activité sensorielle, même très tardive, accroît la représentation corticale. Si notre bûcheron apprend le piano, quand bien même il ne deviendrait jamais un Glenn Gould, l'importance corticale de sa main augmentera.

Pour séduisante qu'elle soit, cette idée est fausse, au moins partiellement. Sur le plan général d'abord, les données les plus récentes démontrent que le système nerveux antérieur étant induit – on peut se reporter au chapitre précédent –, il se subdivise très rapidement en différents domaines sans nécessité d'une participation des informations périphériques arrivant – via le thalamus – dans le cortex sous la forme de terminaisons nerveuses. Sur le plan plus particulier du cortex somato-sensoriel, celui qui abrite les barillets, il a pu être montré que ceux-ci sont formés avant l'arrivée des fibres thalamiques. La conclusion de ces expériences multiples est que la forme première de l'homuncule cérébral est présente avant que l'information sensorielle n'arrive, mais que cette information joue un rôle important dans le maintien de l'homuncule, son affinement et les déformations ultérieures qu'il subira en réponse à l'activité périphérique.

Cela pose le problème de la façon dont les fibres nerveuses s'organisent en corps cérébraux – ou représentations – en l'absence de toute information qui, même de façon indirecte, c'est-à-dire par l'activité sensorielle, ferait remonter l'information morphologique des gènes Hox vers le cerveau. Il faut supposer qu'un code morphologique puisse fonctionner en l'absence de colinéarité entre gènes de développement cérébraux et homuncule cérébral, et que ce code permette la construction d'une première mouture qui pourra être ultérieurement réorganisée par l'activité périphérique. Pour expliquer ce point, il me faut revenir au problème de l'importance et de la signification du principe de colinéarité, abordé de façon assez extensive dans *Les Anatomies de la pensée*.

Supposons un organe, le membre antérieur par exemple, il existe, en théorie, deux façons de le construire. Une première serait d'avoir une masse globale que l'on subdivisera en sculptant – à l'intérieur de cette masse initiale – épaule, bras, avant-bras et main. Sculpter, cela veut dire exprimer les gènes HOX dont la combinatoire dans chaque territoire active les réseaux génétiques adéquats et spécifie son devenir morphologique. Dans un tel schéma, on conçoit que l'on peut commencer aussi bien par la main que par l'épaule, voire le bras ou l'avant-bras. L'ordre dans lequel les gènes HOX sont exprimés serait, dans ce schéma, sans importance réelle.

L'autre manière de faire consiste à façonner les régions du membre au fur et à mesure que celui-ci se constitue dans un processus de bourgeonnement et, donc, de prolifération cellulaire. Les premières cellules du bourgeon de membre forment l'épaule parce que sont alors exprimés les gènes responsables du « programme épaule », le bourgeon pousse et les cellules forment maintenant le bras parce que sont exprimés les gènes du « programme bras », et ainsi de suite. On voit que, dans cette stratégie, on doit absolument commencer par le programme épaule avant d'attaquer le programme bras, avant-bras, etc. Il existe donc un rapport chronologique obligatoire et contraignant entre les divisions cellulaires qui permettent la croissance du membre et l'expression successive des différents gènes HOX qui dirigent la morphogenèse des différents domaines de ce même membre. La colinéarité entre la disposition des gènes HOX sur les chromosomes et le lieu et le temps de leur expression est le système qui a été sélectionné pour assujettir de façon stricte, faute de quoi on court à la difformité, la mise en route des programmes à la croissance du bourgeon.

On l'aura compris, la logique de formation du cerveau correspond à la subdivision d'un territoire donné d'emblée ; c'est donc la première stratégie qui s'applique, celle qui ne requiert pas la colinéarité pour son développement. En revanche, la construction des systèmes axiaux, tronc, bras, jambes, sexe, bref la construction du corps, l'homuncule du miroir, obéit au principe de bourgeonnement. Elle nécessite donc l'application de la deuxième stratégie, fondée, nous venons de le voir, sur le principe de colinéarité. On peut donc sans crainte envisager que, par l'action de gènes de développement comme Otx et plusieurs autres, les homuncules cérébraux soient codés sans référence à une règle de colinéarité du type de celle qui gouverne l'expression des gènes Hox et, de fait, les gènes de développement impliqués dans la construction des représentations cérébrales ne sont pas organisés en homuncules génétiques. Ce qui n'exclut pas l'existence d'autres règles faisant jouer entre les différents gènes de développement cérébraux des relations hiérarchiques indépendantes d'un alignement ordonné sur un même chromosome et d'une expression reflétant dans le temps et dans l'espace leur position sur ce chromosome.

Au terme de ce quatrième chapitre, nous sommes donc arrivés à une vision dichotomique du système nerveux ou, plus largement, du corps. D'une part, la tête formée séparément et l'induction d'un territoire cerveau, dans son entier, territoire qui, par la suite, se subdivisera en sous-territoires sous l'action combinée et emboîtée de gènes de développement et de facteurs de croissance, par l'activité de ces réseaux génétiques décrits au chapitre III. D'autre part, l'arrière qui se construit par bourgeonnement et dont la spécification morphologique requiert l'expression ordonnée des gènes Hox dans le temps et dans l'espace de l'organisme inscrits dans la structure même des chromosomes.

Il reste que, à un certain moment du développement, au cours de l'embryogenèse, les deux systèmes doivent se rejoindre et communiquer. Cela est permis par les systèmes sensoriels et moteurs qui, respectivement, montent et descendent de la périphérie vers le centre et du centre vers la périphérie. Dès que ces connexions ont été établies, par l'intermédiaire, notamment, des noyaux thalamiques, les homuncules génétiques, l'homuncule du miroir et les homuncules cérébraux peuvent influer les uns sur les autres et agir de façons coordonnées physiologiquement. À partir de ce moment-là, surtout, les homuncules cérébraux deviennent régulables dans leur forme et leur intensité en réponse aux informations venues de la périphérie.

Mais pour que cette régulation persiste chez l'adulte comme source d'adaptation biologique de l'individu, il est nécessaire que le cerveau reste, au moins partiellement, embryonnaire, permettant ainsi aux représentations cérébrales, ou réseaux de neurones, de continuer d'évoluer morphologiquement.

CHAPITRE V

Le cerveau continué

Retour sur la régionalisation du système nerveux et la notion d'information de position. Migrations cellulaires. Présence de cellules souches dans le système nerveux et renouvellement de certaines cellules nerveuses chez l'adulte. Notion de période critique, rôle de cette période dans l'apprentissage. Gènes de développement chez l'adulte et caractère néoténique du cerveau. Conséquences de cette immaturité du cerveau adulte sur notre approche des maladies neurodégénératives et sur notre compréhension du vieillissement. Ouvertures pharmacologiques et thérapeutiques. Remise en cause de l'idée de cerveau-machine.

Au cours du chapitre III ont été décrits les réseaux génétiques et la dynamique de leur mise en place. Ces phénomènes suivent immédiatement, à vrai dire accompagnent, l'induction neurale et ne concernent donc que la couche des cellules qui constituent le neuroépithélium. Ce neuroépithélium, d'abord plan et à la surface de l'embryon (la plaque neurale), est ensuite internalisé à la façon d'une feuille qu'on roule et se transforme en tube, le tube neural. À ce stade, le futur système nerveux est donc constitué d'une couche de cellules neuroépithéliales qui donneront naissance à la très grande majorité des cellules du cerveau et de la moelle épinière. Un petit contingent de cellules immunitaires, des macrophages, est, en effet, d'origine mésodermique.

Par les processus de segmentation de la partie antérieure de la plaque neurale et de bourgeonnement de sa partie postérieure, décrits dans les chapitres qui précèdent, ce neuroépithélium se retrouve divisé dans sa dimension antéropostérieure. Ce premier axe et également l'axe dorso-ventral conduisent donc à la parcellisation, au quadrillage, de la plaque neurale, puis du tube, en un ensemble de territoires caractérisés par l'expression de combinatoires de gènes de développement, comme un échiquier dont chaque case serait marquée par une couleur particulière symbolisant ses coordonnées. Ajoutons à ce quadrillage une légère dissymétrie droite-gauche qui s'initie au moment de la gastrulation au niveau du mésoderme inducteur sous l'action, chez les mammifères, de petits cils qui déplacent vers la gauche et de façon très locale des facteurs – non identifiés – et provoquent un déséquilibre discret entre les deux côtés de l'embryon, à l'origine de sa latéralisation. Je n'y reviendrai pas, sinon dans le glossaire.

Ces gènes de développement qui caractérisent, par leur combinatoire et par les réseaux dans lesquels ils s'insèrent, chacune des cases de cet échiquier neural sont de différents types mais on note une importance particulière des homéogènes qui, rappelons-le, codent des homéoprotéines, facteurs de transcription régulant l'expression d'autres gènes et impliqués dans un grand nombre de décisions prises au cours du développement : morphogenèse des ensembles multicellulaires, spécification fonctionnelle des domaines d'expression (aires et noyaux), décisions quant aux types cellulaires qui doivent être générés (neurones et cellules gliales), élongation et navigation des prolongements neuronaux (axones et dendrites), établissement enfin des connexions synaptiques. Ils ne sont cependant pas seuls en cause et d'autres facteurs de transcription qu'on peut, sur la base de leur structure, réunir en familles (famille Pax, famille bHLH, famille zinc-finger, famille winged-helix, etc.), interviennent aussi à plusieurs étapes de l'ontogenèse du système nerveux.

Les cellules du neuroépithélium qui bordent les ventricules, c'est-à-dire la cavité du tube neural à l'intérieur de laquelle circule le liquide céphalo-rachidien, constituent la zone ventriculaire. Elles forment une couche cellulaire unique, leur prolifération, leur migration et la différenciation des cellules engendrées au cours de cette prolifération vont permettre de construire le système nerveux dans son épaisseur. Ces cellules souches se ressemblent toutes sur le plan de leur morphologie, mais elles portent, du fait du quadrillage génétique du tube neural, la signature – elle aussi génétique – de leur position. On doit donc considérer que, malgré cette similarité morphologique, elles sont éminemment distinctes quant à leur identité spatiale. Pour s'en tenir au seul cortex, on pourra donc considérer que son plan général est tracé très précocement, au stade neuroépithélial, bien avant donc que les fibres sensorielles relayées par les fibres thalamiques, décrites au chapitre précédent, n'aient relié cet appareil central aux stimulus du monde extérieur et du monde intérieur, ces derniers provenant du cerveau lui-même grâce au phénomène de réentrée thalamo-corticale dans lequel certains neurobiologistes, dont Gerald Edelman, voient l'origine de la conscience d'un cerveau réfléchi sur lui-même.

Ce qui n'infirme pas, comme cela a aussi été souligné à la fin du chapitre précédent, les nombreuses expériences qui démontrent que l'activité de ces afférences sensorielles confirme et raffine les spécialisations fonctionnelles centrales dans un processus épigénétique qui implique des modifications fonctionnelles – au niveau de l'efficacité de la transmission synaptique – et morphologiques – au niveau de la forme des prolongements neuronaux et du gain ou de la perte de synapses – des neurones ainsi stimulés. Mais, pour similaires qu'elles soient par certaines de leurs propriétés, ces cellules n'en sont pas moins régionalement spécifiées et cette spécification est le résultat de l'expression de combinatoires de réseaux génétiques impliquant des gènes de développement. Nous reviendrons sur ce point quand nous discuterons la possibilité d'interpréter les maladies neurodégénératives comme des maladies du développement adulte et d'utiliser les cellules souches embryonnaires ou adultes dans des protocoles à visées thérapeutiques.

Auparavant, tirons les conclusions de l'existence de ce *patterning*, au sens de patron des couturiers, du neuroépithélium dont une des fonctions est la spécification – en particulier fonctionnelle – des aires corticales, aires somato-motrices et somato-sensorielles, aires visuelles, auditives, associatives, etc. ; sans oublier les autres régions cérébrales, sous-corticales, mésencéphaliques, cérébelleuses, car rien n'échappe à cette parcellisation génétique de la plaque neurale. Toutes les cellules nées dans une zone, une case de l'échiquier, devraient donc nécessairement donner naissance à des cellules qui, après migration et différenciation, resteront toujours dans cette même zone, élargie – bien entendu – à toute l'épaisseur du cortex. Comme si on montait des cubes de couleur en les empilant sur une base, un carré de l'échiquier, de même couleur.

Ce passage d'un système bidimensionnel à un système tridimensionnel nécessite donc que la migration des cellules se fasse de façon radiale, à la verticale de la case. De ce fait, une forme de restriction à la dispersion tangentielle (dans un plan perpendiculaire à l'axe de migration radiale) des cellules nées d'un même sous-ensemble de cellules souches a longtemps été considérée comme un dogme. Ce dogme était lui-même appuyé sur l'observation de jeunes neurones en migration, le long des fibres gliales dites radiaires qui unissent la zone ventriculaire, proche des ventricules et donc la plus interne, à la couche la plus externe du cortex. Il était donc acquis que ces fibres servaient de rails aux neuroblastes en migration, les maintenant dans la zone déterminée par la position, sur l'échiquier, de leurs progéniteurs ventriculaires.

Cependant, à la suite d'études de lignage consistant à marquer génétiquement les progéniteurs et à suivre, grâce à ce marquage, le devenir de leurs descendants cellulaires, il est apparu dans les dix dernières années que certains neurones pouvaient aussi présenter une migration de type tangentiel et, par conséquent, quitter la zone définie par leurs progéniteurs suggérant que, après déplacement, l'information de position de ces neurones pourrait être respécifiée, ou spécifiée si elle ne l'avait pas été avant, pour s'accorder avec leur nouvel environnement. Ce phénomène a, pendant un certain temps, été considéré comme marginal jusqu'à ce que des études plus précises aient montré que la très grande majorité d'une classe particulière de neurones du cortex de la souris était issue d'un centre de prolifération unique localisé en une région précise du télencéphale. Pour les spécialistes, il s'agit de la zone des éminences ganglionnaires latérale et médiane.

Ces neurones qui migrent tangentiellement sont des interneurones, neurones à prolongements courts dont les connexions avec d'autres neurones sont locales, à l'inverse des neurones pyramidaux qui projettent leurs axones et même leurs dendrites à des distances parfois considérables. Ces interneurones, migrateurs tangentiels, synthétisent un neuromédiateur inhibiteur, l'acide gamma-amino butyrique, ou GABA, alors que les neurones pyramidaux – qui, eux, ne migrent que de façon radiaire – sont essentiellement excitateurs et utilisent un acide aminé, le glutamate, comme neurotransmetteur. Depuis cette zone où ils sont engendrés, les futurs interneurones GABAergiques migrent vers le cortex. On doit donc aujourd'hui rectifier nos conceptions et admettre que deux types de migration, une radiaire et une tangentielle, coexistent. Il est probable, dans ce schéma, que la spécification régionale des interneurones à migration tangentielle soit modifiable ou acquise postérieurement, une fois achevée leur période de migration, probablement avant l'arrivée des fibres thalamiques. Cela en tout cas pour les périodes embryonnaires puisque, nous allons le voir, ces interneurones ne sont pas seulement produits chez l'embryon mais aussi chez l'adulte, alors que les fibres thalamiques sont en place depuis très longtemps ; en effet, chez la souris l'innervation thalamo-corticale prend place un peu avant la naissance.

Le non-renouvellement neuronal chez l'adulte a figuré au rang des dogmes les plus solides de la neurobiologie et a totalement envahi les représentations sociales du cerveau considéré comme un organe au sommet de sa force peu après la puberté et contraint à une lente mais inexorable dégradation, selon un schéma qui s'accorde bien à une conception thermodynamicienne et mécanique de la vie, née au XIXe siècle. La métaphore de l'ordinateur qui s'est vite imposée comme un modèle de cerveau après les travaux de von Neumann et d'Alan Turing, dans l'immédiat après-guerre, n'a évidemment pas contribué à remettre en question cette vision fixiste de l'organe cérébral.

Ce n'est donc pas sans étonnement – ni résistance – qu'ont été accueillis les résultats de l'équipe de Fernando Nottebhom démontrant que les centres vocaux du canari étaient le lieu d'une neurogenèse saisonnière, sous l'influence d'une hormone sexuelle, l'œstradiol. En effet, chaque automne les canaris perdent certains centres cérébraux du chant qu'ils régénèrent au printemps suivant. En fait, on s'est rendu compte depuis que cette neurogenèse physiologique chez l'adulte n'était pas le fait uniquement des centres vocaux des oiseaux chanteurs mais était partagée par d'autres vertébrés et on connaît aujourd'hui un nombre restreint, de moins en moins restreint on le verra, de sites de neurogenèse adulte chez les mammifères. On citera, en particulier, les récepteurs olfactifs de la muqueuse nasale, qui sont stimulés par les molécules odoriférantes, les interneurones GABAergiques du bulbe olfactif, ceux aussi du gyrus denté de l'hippocampe et, enfin, du cortex associatif (cette dernière observation a été faite chez un primate) auxquels il faut ajouter les interneurones glutamatergiques du cervelet.

On pourra noter que, parmi ces structures, certaines sont profondément impliquées dans les phénomènes cognitifs, c'est le cas du bulbe olfactif et, plus classiquement pour l'instant, de l'hippocampe et du cortex associatif, deux régions cérébrales en effet directement associées à la mémorisation et à l'apprentissage. On le voit donc, il ne s'agit nullement d'un phénomène marginal, même s'il ne concerne que des régions précises et des types neuronaux apparentés. Encore que tout incite ici à la prudence puisqu'un article récent suggère que certains neurones pyramidaux pourraient être renouvelés. Donc, si personne n'a encore rapporté la prolifération de certaines catégories neuronales, comme les neurones aminergiques mésencéphaliques, on hésitera à décider qu'ils ne sont pas, eux aussi, l'objet d'un possible renouvellement. Si je cite ces neurones aminergiques, c'est que leur dégénérescence ou dysfonctionnement sont à l'origine de certaines maladies, comme la maladie de Parkinson, et qu'ils sont impliqués dans les troubles de l'humeur ou les phénomènes d'addiction. À ce titre, ils font l'objet de nombreuses études, j'y reviendrai à la fin de ce chapitre.

Parmi les différentes populations de cellules souches adultes, les mieux étudiées sont les cellules qui participent au renouvellement des interneurones GABAergiques du bulbe olfactif. Le bulbe olfactif est une région corticale, très ancienne sur le plan évolutif, disposée à l'avant, la proue, du cortex et qui reçoit des afférences sensorielles directement (sans passage par le thalamus, ce qui est un cas unique parmi les modalités sensorielles) des récepteurs aux odeurs de l'épithélium olfactif de la muqueuse nasale. Le système olfactif est d'une très grande plasticité puisque les récepteurs aux odeurs et les interneurones GABAergiques du bulbe sont soumis à un renouvellement permanent. Les cellules souches à partir desquelles le renouvellement des interneurones s'opère sont localisées au niveau du cortex, dans une zone dite subventriculaire, éloignée et protégée du ventricule par une couche de cellules épithéliales. Elles prolifèrent, se différencient et les neurones générés entament leur migration vers les bulbes olfactifs qui sont éloignés de cette zone proliférative. Ces longues chaînettes de neurones en migration sont visibles tout au long de l'existence, et les neurones à GABA qui les composent, une fois au niveau du bulbe olfactif, viennent s'intégrer dans les réseaux neuronaux locaux. Des expériences de marquage des cellules en prolifération ont permis d'estimer que la moitié des interneurones du bulbe est ainsi remplacée chaque mois, chez la souris.

La mise en culture des cellules souches permet le développement de boules cellulaires (neurosphères) au sein desquelles prolifèrent des cellules multipotentes, c'est-à-dire susceptibles de donner naissance à des neurones mais aussi à des cellules gliales, astrocytes et oligodendrocytes. Ces expériences ont permis de jouer avec les facteurs de croissance ajoutés au milieu de culture et d'identifier des molécules capables de stimuler la prolifération des neurosphères mais – surtout – de mettre au point des conditions de culture favorisant la production de neurones, d'astrocytes ou d'oligodendrocytes, voire de produire en masse des sous-types neuronaux particuliers. Pour en finir avec cette catégorie de cellules souches cérébrales, on se doit de citer des expériences spectaculaires démontrant que, même prises chez l'adulte, elles peuvent, après réintroduction chez l'embryon, participer à la formation de tous les types de tissus, y compris du tissu hématopoïétique. Dans ce dernier cas, l'environnement embryonnaire ne semble d'ailleurs même pas nécessaire pour fabriquer des cellules sanguines avec des précurseurs neuraux adultes.

Cette totipotence des cellules souches d'un système nerveux qu'on pensait, il y a peu encore, être le plus réfractaire à une régénération, ouvre la voie à des réflexions assez étonnantes sur la multipotentialité des cellules souches chez l'adulte. Si, somme toute, on peut faire du muscle et du sang avec des cellules souches cérébrales prises chez l'adulte, comment ne pas envisager qu'on puisse un jour faire des neurones avec des cellules souches de la moelle osseuse, par exemple ? Les expériences que je viens de rapporter le prouvent, la question n'est pas purement spéculative, et il est possible que la mise au point de cocktails de facteurs de croissance et de facteurs de transcription permette un jour de fabriquer des neurones utilisables dans des stratégies thérapeutiques de remplacement.

Revenons au présent. La question de la signification physiologique de ce renouvellement neural chez l'adulte reste posée. Je me contenterai donc d'indiquer ici quelques pistes pour la réflexion. Une première d'entre elles est que, malgré les indices d'un phénomène plus généralisé, cette neurogenèse est la plus importante dans le cas des interneurones GABAergiques et, parmi ces neurones, de trois sous-populations très particulières, celles du bulbe olfactif, du gyrus denté de l'hippocampe et du cortex associatif. On ne peut pas ne pas mettre cette observation en regard de la capacité d'apprentissage permanent qui caractérise ces trois régions. Cette capacité pourrait donc être liée au renouvellement de ces interneurones ou, ce qui n'est pas contradictoire, au maintien de leur caractère immature, c'est-à-dire à l'absence d'une période critique qui gèlerait irréversiblement la capacité d'adaptation.

En effet, nombre des modalités d'analyse de l'environnement, comme le langage, la vision ou l'audition, passent par un stade (période critique) qui marque la fin de la possibilité d'apprendre, en tout cas d'apprendre facilement. Cela a été bien observé et étudié pour les fonctions linguistiques chez l'Homme puisque la capacité de prononcer certains sons peut se perdre dès l'âge de six mois. Mais l'exemple le mieux analysé chez l'animal est sans doute celui du développement de la vision bilatérale chez le chat ou, plus récemment, chez la souris.

En effet, la vision bilatérale exige l'existence de zones, au niveau du thalamus et du cortex visuel, sur lesquelles convergent les stimulations en provenance des deux rétines. Cette zone binoculaire permet de comparer les informations provenant de points situés à l'intérieur du champ visuel couvert par les deux yeux. Plus les yeux sont en position frontale, comme chez l'Homme ou le chat, plus cette zone binoculaire est importante ; plus les yeux sont en position latérale, comme par exemple chez l'oiseau, plus elle est réduite. Chez la souris, la zone binoculaire du cortex visuel est petite mais peut, néanmoins, être analysée de façon électrophysiologique. On enregistre dans cette zone du cortex des neurones qui répondent soit à un seul œil, le droit (dans le cerveau gauche), ou le gauche (dans le cerveau droit), soit aux deux yeux (dans les deux hémisphères). Une période, dite critique, se place chez la souris entre 28 et 35 jours de vie postnatale. Si, pendant cette période, la vision d'un œil est masquée (suture de la paupière), les neurones du cortex visuel seront, dans la zone binoculaire, très majoritairement recrutés par l'œil resté ouvert. Ce recrutement est dû à l'innervation de tous les neurones de cette zone corticale par les fibres nerveuses correspondant à l'œil actif. Si on rouvre l'œil masqué après cette période critique, le défaut est irréversible. Par contre la fermeture de l'œil avant la période critique conduit à un défaut réversible et sa fermeture après cette période est sans effet. Chez l'Homme, pour qui la période critique se place entre 4 et 5 ans, une inégale balance entre les deux yeux – par exemple dans un cas extrême de strabisme – conduit à l'amblyopie, problème dont la gravité est renforcée dans notre espèce par l'étendue de la zone binoculaire.

De façon intéressante par rapport à la question du renouvellement neuronal, cette perte de plasticité qui suit la période critique est due à la maturation morphologique et biochimique des interneurones GABAergiques sous l'influence d'un facteur de croissance, le *Brain-Derived Neurotrophic Factor*. En effet, si on empêche la fonction inhibitrice de ces neurones, par exemple en diminuant leur capacité de synthèse du neuromédiateur inhibiteur qu'est le GABA, la période critique peut alors être repoussée au-delà de ces quatre semaines. Il pourrait donc être proposé que les périodes critiques, au-delà desquelles un apprentissage est difficile voire impossible (pour certains sons par exemple), diffèrent selon les régions du cortex et qu'elles se mettent en place au moment où les interneurones GABAergiques se figent dans leur maturité. *A contrario*, on pourra aussi proposer que ce qui distingue les régions à renouvellement GABAergique permanent – comme le bulbe olfactif, l'hippocampe ou le cortex associatif – des régions à non-renouvellement est le maintien d'une plasticité physiologique permettant l'apprentissage, par exemple de nouvelles odeurs, ou la mémorisation de nouvelles données. Un rôle lié à l'oubli n'est pas, non plus, à exclure, certaines structures pouvant servir à l'enregistrement provisoire d'une donnée, laquelle sera, ou non, envoyée à des centres de stockage plus permanents.

La possibilité que des régions importantes dans les phénomènes d'apprentissage ou de mémorisation chez l'adulte soient le lieu d'un remplacement continu des interneurones GABAergiques permet de jeter un jour nouveau sur certaines maladies neurodégénéra-tives. On pourrait se demander si ces maladies dites du vieillissement ne sont pas liées à des troubles du renouvellement neuronal chez l'adulte ou à des phé-nomènes de maturation irréversible et indésirable d'interneurones GABAergiques. L'atrophie du bulbe olfactif observée dans certains cas de démences va dans ce sens. Vont aussi dans ce sens nombre d'expé-riences démontrant que le précurseur de la protéine amyloïde et les présénilines, produits de gènes mutés dans les cas familiaux de maladies d'Alzheimer, inter-agissent avec des protéines ayant un rôle démontré dans la neurogenèse, comme la protéine Notch. Sur le plan des recherches sur le vieillissement, cela signifie-rait que nombre des données actuellement explorées en biologie du développement pourraient être analy-sées avec profit.

Dans ce contexte, il faut rappeler que plusieurs gènes de développement restent exprimés pendant toute la durée de la vie. Cette expression continuée, et surtout sa régulation, pourrait constituer une forme de réponse aux stimulations sensorielles externes et internes. En effet, il est logique de penser que la per-manence du processus ontogénique de renouvellement des neurones, de modification de forme des prolonge-ments neuronaux et de renouvellement synaptique participe à l'adaptation physiologique du cerveau adulte. On ne saurait non plus exclure que les réseaux génétiques recrutés par les gènes de développement chez l'adulte, en réponse aux stimulus physiologiques, diffèrent sensiblement de ceux qui sont en passe d'être identifiés au cours du développement. Là encore, sur la base de notre connaissance prochaine du génome, les techniques d'analyse globale de l'état transcriptionnel (les ARN messagers) ou traductionnel (les protéines) dans des protocoles de modification de l'expression de ces gènes chez l'adulte devraient nous renseigner sur la nature de ces réseaux et sur les degrés de similarité qu'ils présentent avec ceux activés par ces mêmes gènes de développement au cours de la mise en place du tissu cérébral. Ces comparaisons seront riches d'enseignements pour la physiologie, mais aussi pour nos réflexions sur la nature de certaines maladies, d'étiologie inconnue, affectant notre capacité à interagir avec le monde extérieur ou, pire encore, avec notre propre monde interne, conduisant à ces situations qui, malgré des progrès déjà anciens, restent sans issues véritables. Au-delà de la compréhension des physiopathologies, on doit espérer que ces connaissances nouvelles permettront d'identifier des cibles pharmacologiques auxquelles l'état actuel des connaissances ne permet pas d'avoir accès.

Pour rester dans cette veine, la possibilité d'utiliser des cellules souches dans des stratégies thérapeutiques n'a évidemment pas échappé aux investigateurs. La première idée qui vient est de s'en servir comme vecteurs dans des protocoles de thérapie génique cellulaire, c'est-à-dire d'introduire dans les cellules souches un gène qu'on désire leur faire exprimer. Ces cellules se différencient alors en neurones modifiés, par exemple en neurones exprimant la tyrosine hydroxylase, donc produisant de la dopamine, neuromédiateur absent – ou présent en quantités limitées – dans certaines maladies comme la maladie de Parkinson. Une approche plus originale consisterait à diriger, en culture, les cellules souches dans une voie de différenciation déterminée puis de les greffer, sans manipulation génétique. Un tel protocole requiert qu'aient été identifiées les conditions permettant d'induire la différenciation désirée. Pour illustrer ce point, prenons l'exemple des neurones dopaminergiques de la substance noire, ceux qui dégénèrent dans la maladie de Parkinson, et qui ont déjà été à l'origine de plusieurs protocoles de remplacement à issue plus que mitigée : greffes de neurones embryonnaires, greffes de cellules de la médullo-sur-rénale.

Cela m'oblige à revenir sur la question essentielle de l'hétérogénéité probable des cellules souches. Nous l'avons vu, cette hétérogénéité est sans doute liée à la combinatoire de gènes de développement exprimés par ces cellules. Pour orienter des cellules souches, par exemple celles de la zone subventriculaire dont le destin est de renouveler les neurones GABAergiques du bulbe olfactif, vers une différenciation dopaminergique, donc pour les reprogrammer ou les programmer autrement, il est indispensable de comprendre quels sont les facteurs qui confèrent aux cellules souches de la substance noire leur futur caractère dopaminergique.

Il se trouve qu'un nombre important de facteurs, en partie responsables de l'induction dopaminergique, ont été identifiés. Parmi eux des facteurs extracellulaires, mais aussi des facteurs de transcription codés par des gènes de développement. Il est trop tôt, aujourd'hui, pour établir les hiérarchies entre ces facteurs ou pour avoir une connaissance exacte des réseaux génétiques dans lesquels ils sont impliqués. Mais on peut prévoir que, dans un avenir pas trop lointain, le cocktail nécessaire à l'engagement des cellules souches dans la voie dopaminergique aura été maîtrisé. À ce stade, ou bien les gènes pourront être insérés de façon stable dans ces cellules, ce qui revient à un protocole de thérapie génique cellulaire, ou bien et de préférence, une expression transitoire d'un ou de plusieurs de ces gènes permettra l'engagement dans des programmes dopaminergiques endogènes. Même si ce ne sont là que des suppositions, la récente démonstration, si elle est confirmée, que l'expression de l'homéogène PDX-1 dans des cellules hépatiques permet de leur faire produire de l'insuline in vivo, c'est-à-dire de les transformer en cellules pancréatiques (site normal d'expression de cet homéogène), suggère que ces stratégies ne relèvent pas de la pure spéculation.

Mais pour revenir à des considérations plus fondamentales, la présence d'une neurogenèse dans le système nerveux central pose des questions troublantes sur la nature même du système nerveux et sur la façon dont l'individu évolue avec le temps, poussé dans un processus d'individuation, une adaptation qui ne trouve son terme qu'avec la mort. Ces nouveaux neurones doivent s'insérer dans les réseaux existants, former des synapses, et donc modifier de façon importante la physiologie mentale de l'individu. Il ne faudrait pas, cependant, verser dans l'excès inverse et passer, sans nuance, de l'idée d'un cerveau-machine, fixé une fois pour toutes et voué à une lente et irréversible dégradation, à celle d'un organe informe. Il y a de la constance dans les circuits, il y a une mémoire qui subsiste à ce renouvellement si bernardien dans son principe, tranchant si radicalement avec l'idéal physicaliste et thermodynamicien, idéal hérité du XIXe siècle, transmis à travers les travaux des géniaux mathématiciens que furent von Neumann et Alan Turing et qui s'est peu à peu imposé comme un absolu philosophique, du fait même de la conception boo-léenne des « machines-qui-pensent ». C'est donc tout naturellement que dans les chapitres suivants nous allons revenir, à travers D'Arcy Thompson et Alan Turing, sur l'influence qu'a pu avoir sur notre façon de concevoir le cerveau une conception faisant du vivant une machine jusque dans la théorie qui permet de le penser.

CHAPITRE VI

D'Arcy Thompson, théoricien de la morphogenèse

D'Arcy Thompson, un biologiste entre deux siècles. Un profond désintérêt pour la génétique. Position de D'Arcy par rapport à celles de Claude Bernard, Haeckel et des premiers embryologistes expérimentaux. Énergies qui travaillent une matière vivante réduite à ses propriétés physiques. La carte n'est pas le territoire. Chaos et mathématique du vivant. Mais alors qui est le Newton du brin d'herbe ? Retournement final.

Si vous discutez avec ce qu'on appelle, un peu cavalièrement, un physicien de la matière molle, c'est-à-dire un physicien qui s'intéresse, pour ce qui est de la biologie, au vivant comme pur objet physique, il ne se passera pas longtemps avant que le cas D'Arcy Thompson ne vienne dans la conversation. Car D'Arcy Thompson, à travers son ouvrage *On Growth and Form* – il est l'homme d'un seul livre –, fait effectivement figure de cas. Son livre singulier (qui a connu six rééditions depuis 1961) sert de bible à tous ceux qui pensent et professent que la biologie trouvera son salut et sa vérité dans sa mathématisation. Entre autres, à tous les mathématiciens et physiciens qui ont des idées en biologie et à tous les biologistes qui adhèrent à l'idéal positif édicté, en France et au XIXe siècle, par Auguste Comte et passé au rang de dogme. Il y a donc là plus qu'un phénomène de mode ; il s'agit bel et bien d'un symptôme, celui d'une discussion sur le statut théorique des sciences du vivant. La question posée – encore que jamais énoncée – est celle de la possibilité d'existence d'une théorie biologique qui serait autre chose que l'application à un ensemble matériel particulier, les organismes vivants, des lois universelles de la physique.

La vie de D'Arcy Thompson (1860-1948) s'étend à cheval sur deux siècles dans une période qui est probablement une des plus riches de l'histoire des sciences biologiques. Il suffit pour s'en rendre compte de citer quelques noms de ses contemporains, je l'ai fait plus haut, mais rappelons certains d'entre eux : Darwin, Claude Bernard, Pasteur, Freud, Charcot, Haeckel, Morgan, Roux, Spemann, plus Miescher et les pionniers de la biologie moléculaire, dont il a été question dans le premier chapitre de ce livre. Répétons-le aussi, il y a là de quoi faire réfléchir ceux qui prétendent que le XXIe siècle serait celui de la biologie, car le XIXe et même le XXe ne semblent pas totalement démunis dans la compétition. Face à cette réalité, D'Arcy, figure isolée « à côté » de son temps, semble étrangement anachorétique. Il n'a fait aucune découverte, au sens où on l'entend aujourd'hui et à ce titre – ou plutôt à cette absence de titre – ne figure pas dans les manuels. Comment donc ne pas s'interroger sur l'intérêt qu'il continue de susciter dans les milieux philosophiques, scientifiques et même artistiques ?

Une première réponse, immédiate, à cette interrogation est que D'Arcy peut apparaître, si on le lit un peu trop vite, comme le prototype du mathématicien qui vient éclairer la biologie dans sa nuit théorique et représente donc un modèle pour nombre de chercheurs, biologistes ou non, et philosophes qui partagent cette même conviction, j'ai déjà relevé ce point dans le chapitre sur Brillouin et Schrödinger. Il fustige en effet l'incapacité des zoologistes et des morphologistes à emboîter le pas aux physiologistes, à passer, pour emprunter les catégories comtiennes, de l'âge métaphysique à l'âge positif, comme il le dit : « Si les physiologistes ont depuis longtemps montré un empressement certain à s'aider des sciences physiques ou mathématiques, les zoologistes et les morphologistes, quant à eux, cheminent bien plus lentement dans cette voie. »

Notons que cette distinction entre la physiologie d'une part et la zoologie ou la morphologie, de l'autre, fait incontestablement écho à la position ultra-positiviste, dans ce domaine, de Claude Bernard qui, tout en lui témoignant une certaine hostilité, fut très influencé par Auguste Comte. Claude Bernard considère que la morphologie et la zoologie, au contraire de la physiologie qui en est sortie grâce à ses propres travaux, sont demeurées au stade métaphysique. Pour s'en convaincre, on lira, dans les *Phénomènes de la vie communs aux animaux et aux végétaux*, un texte qui n'aurait probablement pas été désavoué par l'auteur de *On Growth and Form* :

« La morphologie vitale, nous ne pouvons guère que la *contempler* puisque son facteur essentiel, l'hérédité, n'est pas un élément que nous ayons en notre pouvoir et dont nous soyons maîtres comme nous le sommes des conditions physiques des manifestations vitales : la phénoménologie vitale (la physiologie), au contraire, nous pouvons la diriger. »

Mais cette même lecture indique aussi que Claude Bernard met le doigt sur la raison essentielle pour laquelle on ne peut que « *contempler* » (c'est lui qui souligne) la morphologie vitale. Cette raison est l'incapacité d'en comprendre et d'en maîtriser le principe héréditaire, en clair ce qui nous manque, ou plutôt lui manque, c'est une connaissance de la génétique. Ce qui n'est guère étonnant puisque nous sommes en 1878, année de la mort de Claude Bernard, et que même si Mendel a déjà publié ses expériences sur les pois et découvert les principes de caractère récessif et de ségrégation discrète des caractères, ses travaux sont tombés dans l'oubli, ou plutôt dans un silence qui ne cessera qu'avec la redécouverte, en 1900, des lois de Mendel.

Contrairement à D'Arcy, Claude Bernard, son aîné, a donc repéré là où le bât blesse : l'incapacité à comprendre et surtout à maîtriser le principe héréditaire. Cette brève analyse de texte suggère que pour faire entrer la zoologie ou la morphologie dans le champ des sciences positives, les deux savants nous indiquent des directions opposées, en apparence du moins, comme on le comprendra plus loin. Pour D'Arcy, il faut oublier les aspects développementaux et évolutifs dont le caractère téléonomique – construction d'une forme donnée à l'avance – est troublant, voire suspect de métaphysique vitaliste, et cesser de prétendre distinguer une morphologie vitale d'une morphologie non vitale.

On comprend, à cette aune, qu'il soit devenu une sorte de Dieu des physiciens de la matière molle. Pour Claude Bernard, en revanche, il faut attendre d'avoir compris la nature de l'hérédité et avancer dans cette voie. Pour nous en convaincre, il suffira de relire ce passage tout à fait étonnant des *Principes de médecine expérimentale*, texte publié en 1949 et qui rassemble des notes préparées par le physiologiste en prévision de la publication de ces *Principes*, projet interrompu par une mort prématurée : « J'admets parfaitement que lorsque la physiologie sera assez avancée, le physiologiste pourra faire des animaux nouveaux, comme le chimiste produit des corps qui sont en puissance, mais qui n'existent pas dans l'ordre naturel des choses [...]. Mais la physiologie devra agir scientifiquement pour opérer toutes ces modifications et se rendre compte de ce qu'elle fait *parce qu'elle connaîtra les lois intimes de la formation des corps organiques comme le chimiste connaît les lois intimes de la formation des corps minéraux*. »

Revenons donc à la question posée, celle de l'hérédité morphologique, de l'atavisme de la forme : pourquoi un œuf de poule donne-t-il toujours naissance à une poule ? Cette énigme posée là, au cœur de la biologie, est, bien entendu, riche de toutes les interprétations vitalistes et on comprend l'aspect sécurisant, face à ce péché mortel, de la description anatomique, de la mesure physique ou de la *mimesis* mathématique qui, elle aussi, reste descriptive quand bien même elle se serait parée des plumes les plus modernes, comme celles de la théorie des catastrophes, le tout sur fond de méfiance vis-à-vis de la génétique. Or il se trouve, et les chapitres précédents sont, je l'espère, suffisamment convaincants sur ce point, que cette énigme commence aujourd'hui à trouver une ébauche de solution à travers la découverte des gènes de développement dont les mutations modifient les formes animales et végétales.

Notons que D'Arcy a écrit *On Growth and Form* en 1917 et qu'au fil des rééditions (la dernière de son vivant date de 1942), semble particulièrement imperméable à ce qui se passe, en génétique notamment, autour de lui. Rappelons, en effet, qu'il est mort en 1948 et qu'entre 1917 et 1948, la génétique a fait quelques progrès. Du fait de ce désintérêt apparent mais surtout de l'absence du concept de gène de développement, qui ne sera établi que vingt ans, environ, après sa mort, on pourra légitimement considérer que sur le terrain de la zoologie ou de la morphologie, Claude Bernard, D'Arcy, Haeckel et les premiers embryologistes expérimentaux comme Spemann sont intellectuellement quasi contemporains, qu'ils se situent dans l'avant-génétique et, en tout cas, dans « l'avant-génétique du développement ». C'est pourquoi il est intéressant de comparer leurs points de vue sur la morphogenèse des êtres vivants.

On le sait, Darwin n'a pas inventé l'idée d'évolution, mais il a proposé un mécanisme : la sélection naturelle des individus les plus aptes à laisser une plus grande descendance. Son approche est surtout celle d'un observateur naturaliste, d'un connaisseur de la zoologie, de la botanique et de la géologie et bien que lui aussi soit contemporain de Mendel, le concept de gène lui est étranger. Son laboratoire est la nature et l'histoire de la terre ; tout recours à des expériences autres que les pratiques empiriques comme l'agriculture ou l'élevage est exclu. Pour faire bonne mesure, il adopte le principe que la nature ne fait pas de sauts (*Natura non facit saltum*) et, donc, que l'évolution consiste en l'accumulation de petites modifications. Stephen J. Gould dans *Ontogeny and Phylogeny* a bien montré à quel point ce principe, plus tard repris par les tenants de la théorie synthétique de l'évolution, dominés par la figure de Morgan, était contradictoire avec les observations géologiques. La connaissance que nous avons aujourd'hui des gènes de développement et de leur implication dans le processus évolutif confirme l'inadéquation de ce principe de continuité. On relira avec intérêt sur ce point le livre de Gawin De Beer, *Embryos and Ancestors*.

Un autre personnage important de cette période historique est Haeckel, spécialiste en anatomie comparée et théoricien. Haeckel, en effet, n'est pas expérimentateur. Il s'oppose même farouchement à l'école allemande d'embryologie expérimentale. L'histoire de cette période et les raisons idéologiques de cet antagonisme entre Haeckel et les embryologistes expérimentaux, notamment His, retracée par De Beer, montre combien, pour Haeckel, la question du développement et celle de l'évolution sont liées au point que, pour lui, l'embryologie doit se limiter à la description des étapes du développement qui constitueraient une « preuve de l'évolution ». Ainsi, je prends cette citation dans le livre de De Beer, l'embryologie, « au lieu de perdre son temps à discuter les phénomènes de tension des feuillets embryonnaires », participerait au combat matérialiste et à la défense du darwinisme puisque « toutes les explications en embryologie doivent par nécessité être de nature phylo-génétique ».

Haeckel n'est cependant pas resté dans l'histoire pour ses seules positions matérialistes et violemment antipapistes mais pour avoir énoncé la loi phylogénétique fondamentale, « l'ontogenèse récapitule la phylogenèse », dont les répercussions se sont fait sentir bien au-delà de la biologie de l'évolution ou du développement, en particulier dans le domaine de la psychologie. Cette théorie stipule que l'embryon en développement passe par tous les stades évolutifs que l'espèce à laquelle il appartient a parcourus au cours des âges. Cette théorie, bien que fausse, présente le mérite de suggérer que les mécanismes ayant présidé aux modifications morphologiques produites au cours de l'évolution des espèces et ceux qui accompagnent le développement embryonnaire ont une base commune. On ne peut en douter : la découverte des gènes de développement qui unissent, dans une même discipline, génétique développement et évolution donne un éclairage intéressant à la théorie (même si elle est fausse) du savant prussien. On pourra donc dire que, d'une certaine façon, le théoricisme absolu de Haeckel et son opposition à l'embryologie expérimentale font une part importante à l'idée génétique et annoncent la longue période de dichotomie, heureusement révolue, entre ces deux branches de la biologie du développement.

Spemann, en revanche, le plus célèbre des embryologistes expérimentaux, celui qui découvrit le processus d'induction neurale dont les principes ont été rappelés brièvement dans le chapitre III, est, à l'inverse de Haeckel, convaincu que seule l'approche expérimentale est scientifiquement acceptable. Les embryologistes expérimentaux sont les « Claude Bernard » de l'embryogenèse. Leur approche ne peut pas inclure la génétique. C'est une impossibilité pratique puisque nous sommes dans les années 1930 et que la manipulation génétique n'est pas possible. Pour reprendre les mots du physiologiste, l'hérédité reste donc un facteur que nous ne pouvons que « contempler », puisqu'on ne « maîtrise pas » expérimentalement le principe atavique à l'œuvre dans la construction des formes.

Cet épigénéticisme, aussi absolu que le théoricisme de Haeckel, trouve une justification supplémentaire dans la réfutation des thèses de Weismann sur le mosaïcisme nucléaire comme moteur de la différenciation cellulaire. On sait, en effet, que Weismann, en opposition avec les thèses défendues par De Vries et exposées au chapitre premier de cet ouvrage, avait proposé que, au cours de leurs divisions et différenciations, les cellules perdent une part de leurs potentialités génétiques et que seules les cellules germinales restent totipotentes, thèse invalidée par les expériences de Roux. De ce fait, l'explication du développement ne pouvait, dans l'esprit des embryologistes expérimentaux, se trouver que dans les mécanismes épigénétiques. Cette partie de l'histoire de l'embryologie comme, d'ailleurs, les démêlés entre Haeckel et l'école d'embryologie expérimentale ont été brièvement retracés dans *Les Stratégies de l'embryon*. Je n'insisterai donc pas plus ici.

Nous l'avons vu un peu plus haut, sur cette même question, l'attitude de Claude Bernard variera avec le temps, mais sa position ultime, celle des *Principes de médecine expérimentale* et des *Phénomènes communs aux animaux et aux végétaux*, est que si la physiologie est bien arrivée, grâce à lui, au stade positif, la zoologie et l'embryologie devront attendre qu'aient été compris les principes ataviques qui contrôlent la morphogenèse et qu'on soit donc en mesure de créer des formes nouvelles. La position du physiologiste est donc une position d'attente : la science n'est pas mûre pour traiter expérimentalement la question de l'atavisme morphogénétique.

Revenons maintenant à D'Arcy, dont la position radicale consiste, tout simplement, à éliminer le vivant. Puisque morphogenèse il y a et que cette morphogenèse implique une structure matérielle, alors on s'intéressera aux forces qui travaillent cette matière et qui, en tirant dessus, en la compressant, en la tordant, etc., lui donnent une forme, le tout dans une tradition héritée de His qui essayait de comprendre comment, en exerçant des forces mécaniques sur un tube de caoutchouc, on pouvait le contraindre à adopter les pliures d'un tube neural. Ainsi, le morphologiste devient *ipso facto* physicien et mathématicien et vice versa. Les organismes de D'Arcy sont des objets dont la vie a été exclue, dont les dimensions développementales, évolutives et physiologiques sont absentes. Cette exclusion est délibérée, parce que toute discussion sur la vie entraîne le chercheur sur le terrain de la téléonomie et du piège vitaliste. La biologie de D'Arcy est une biologie des modèles biologiques, une géographie de la carte qui ignore superbement les aspérités du territoire.

Le vivant étant éliminé, D'Arcy peut utiliser ses outils de physicien puisque – on l'admettra volontiers – les organismes sont des objets matériels. C'est ainsi que *On Growth and Form* traite essentiellement des forces physiques et de leur influence sur les structures biologiques. Mais ce terme est-il encore approprié à ces étranges objets dont notre physicien-mathématicien s'occupe ? Cette approche attire cependant l'attention des biologistes sur des points qui leur avaient échappé. On en retrouvera l'écho dans l'ouvrage de Haldane publié en 1920 et rassemblant une série d'essais sous le titre *On Being the Right Size.* C'est ainsi qu'il sera question dans pratiquement tout l'ouvrage du physiologiste de grandeurs essentiellement physiques : masse, taille, compression, tension superficielle, élasticité, viscosité, etc. Il est, par exemple, rappelé que les tensions superficielles sont plus importantes que la gravité pour les organismes légers et donc souvent de petite taille, comme des cellules, ou que l'on peut modifier la forme des cellules en jouant sur des paramètres simples comme la viscosité ou l'adhésion.

Soyons précis, le travail de D'Arcy est évidemment, à mon sens, d'un grand intérêt, puisque j'ai contribué à faire traduire *On Growth and Form* en français et écrit, pour cette traduction, un avant-propos dont ce chapitre s'inspire et qu'il prolonge. On ne peut qu'être en sympathie avec les physiciens de la matière molle qui poursuivent l'œuvre de D'Arcy sur le plan expérimental et contribuent de façon remarquable à dévoiler certaines propriétés de la matière vivante, mais certaines seulement. Il reste que c'est malheureusement ce seul aspect de l'œuvre de D'Arcy qui a massivement retenu l'attention parce qu'il donne une justification à l'idée de réduire la biologie à une physique de la matière vivante et donc dispense de réfléchir aux grandes questions qui sont celles du vivant : reproduction, développement, évolution et, pourquoi le taire plus longtemps, pensée vivante. Pourtant, si *On Growth and Form* s'arrêtait à la fin de son avant-dernier chapitre, D'Arcy ne serait qu'un sympathique mais pathétique explorateur de mappemonde au sens où « la carte n'est pas le territoire ».

Mais voilà, il y a une dernière partie dans *On Growth and Form*, et cette partie, dite de la méthode des coordonnées, ne peut être détachée du reste pour les seuls besoins de la cause physicaliste. Car, malgré l'apparente hétérogénéité du livre, il existe bien un rapport direct entre les descriptions des forces à l'œuvre dans la création des formes matérielles et cette méthode des coordonnées qui ouvre sur une analyse des mécanismes évolutifs et développementaux que D'Arcy avait écartés, en apparence du moins, de son projet initial. Qu'est-ce donc que la méthode des coordonnées ? Il s'agit organe par organe, ou région d'organe par région d'organe, d'inscrire les formes dans un espace de coordonnées et, à partir de cette représentation mathématique, de comprendre quelle règle de transformation décrit au plus près le passage entre deux espèces apparentées, citons le texte de D'Arcy : « Mais ne laissons pas ces considérations nous éloigner de notre sujet présent : la comparaison des formes *apparentées*. Nous nous limiterons strictement aux cas où la transformation nécessaire à la comparaison de deux ou plusieurs formes est de nature simple, et où le système de coordonnées d'origine aussi bien que le système transformé sont harmonieux et pourvus d'une certaine symétrie. Si, en effet, par le biais des mathématiques ou de toute autre méthode, nous tentions de comparer des organismes n'ayant que de très lointains rapports dans la Nature aussi bien que dans la classification zoologique, nous nous exposerions, à juste titre, à une inévitable confusion. »

Or si nous inscrivons un organe dans une grille, et si nous appliquons sur cette grille une règle de transformation, la distorsion ainsi créée peut être assimilée à un jeu de forces s'appliquant à chacun des nœuds de la grille. Ainsi peut-on relier l'approche de type « matière molle » à l'étude des transformations, avec l'innovation que, dans ce nouveau système, l'action coordonnée de toutes ces forces obéit à une loi géométrique qui affecte l'ensemble de ce que je prendrai le risque d'appeler un champ morphogénétique.

De ce fait, et comme par surprise, nous voici tout d'un coup immergés dans une problématique développementale et évolutive que rien n'annonçait dans les chapitres précédents. Il s'agira désormais de comprendre les règles de croissance différentielle qui permettent de passer d'un bourgeon de membre à un membre formé et d'un membre d'une espèce à celui d'une autre proche dans deux processus – ontogenèse et phylogenèse – qui sont alors liés logiquement et surtout géométriquement comme l'avait déjà avancé Haeckel à partir des observations de l'anatomie comparée. Forme et croissance ne sont donc pas pensées séparément, mais intégrées dans un processus morphogénétique dont il s'agit dès lors de comprendre les lois mathématiques. Après Claude Bernard, qui avait réclamé ce titre, D'Arcy se met en position, pour reprendre l'expression ironique de Kant à l'égard de la biologie, de « Newton du brin d'herbe ».

On remarquera d'ailleurs que la référence à Newton et la proposition que le secret des phénomènes proprement biologiques est à chercher dans les rapports, au sens mathématique, qui existent entre les objets sont affirmées dès l'introduction : « Newton ne nous a pas expliqué les tenants et les aboutissants de la chute d'une pomme, mais il a mis en évidence le lien étroit entre ce phénomène et celui de la course des étoiles ("avec une pomme, à notre plus grand émerveillement"). C'est ainsi qu'il transforma des faits anciens en une théorie nouvelle. Et Newton fut parfaitement satisfait de pouvoir rassembler plusieurs phénomènes sous la tutelle de "deux ou trois Principes du Mouvement", même si l'on n'avait pas encore découvert les Causes de ces Principes. »

Cette annonce en tout début de l'ouvrage exclut que le chapitre morphogénétique terminal soit une addition négligeable, oubliable, ou incongrue. À l'opposé de cette interprétation, elle suggère très fortement que tout le livre est construit pour en arriver là, qu'il tend vers ce chapitre morphogénétique qui est, pour D'Arcy, une façon, reprenons ses propres termes, de « transformer des faits anciens en une théorie nouvelle », une théorie biologique qui, par la grâce d'une théorie mathématique des transformations, positionne la morphogenèse et la zoologie dans le champ des sciences positives. S'il existait un doute à ce sujet, la référence à Newton suffirait à le lever.

D'une certaine façon Claude Bernard avait fait le même geste pour la physiologie et avait admis que le temps n'était pas venu de ce passage pour le développement et l'évolution. C'est bien ce que reconnaît D'Arcy dans le texte cité en début de chapitre où il compare les physiologistes, qui « ont depuis longtemps montré un empressement certain à s'aider des sciences physiques ou mathématiques », aux zoologistes et morphologistes, qui « cheminent bien plus lentement dans cette voie ».

Il convient donc, je crois, de s'interroger sur cette prétention affirmée de D'Arcy à être le Claude Bernard des sciences développementales et évolutives, ou plutôt leur Newton. Oui, il s'agit sans doute, à mon sens bien sûr, d'une des tentatives les plus réussies du début du siècle pour comprendre le développement et l'évolution. Oui, en mettant l'accent sur la question des déformations géométriques coordonnées affectant un « champ morphogénétique », D'Arcy indique une voie de recherche empruntée depuis par l'ensemble des chercheurs spécialistes de ce qui est appelé aujourd'hui Évo/Dévo. Oui encore, D'Arcy, comme Goldschmidt ou Schmalhausen un peu plus tard, et à l'opposé des fondateurs de la théorie synthétique de l'évolution, remet en cause l'idée que l'évolution des formes puisse reposer sur l'accumulation de changements morphologiques de faible amplitude. Cela lui est rendu possible parce que sa méthode des coordonnées fait apparaître le lien qui unit géométriquement, dans l'espace d'une grille, le tout d'un organe. Une nouvelle fois, on se reportera au chapitre sur la formation du tout début de la tête puis à celui sur le cerveau continué pour y retrouver cette notion de grille génétique dont chaque case est le lieu d'activité d'un réseau génétique spécifique, impliquant facteurs de croissances et gènes de développement qui sont les coordonnées de la case, ou, métaphoriquement, leur couleur.

D'Arcy, par son approche qui, elle aussi, superpose les champs à des grilles, ouvre la voie, ou plutôt aurait pu ouvrir la voie, au concept de gène de développement. En disant cela, je ne fais d'ailleurs que suivre et traduire à la lumière des connaissances récentes les conclusions exposées par Gawin De Beer dans la dernière édition de *Embryos and Ancestors*, où il rend hommage à D'Arcy Thompson : « Si nous comparons maintenant les divers membres d'une série phylogénétique, il apparaît que les différences entre les structures chez les adultes sont, pour une part importante, des différences entre le nombre et les proportions des différentes parties de l'organisme. D'Arcy Thompson dit à ce propos : "Il est certain que, dans certains cas particuliers, l'évolution d'une race a, en vérité, impliqué des augmentations ou des diminutions graduelles d'un ou plusieurs facteurs numériques, dont la grandeur elle-même, c'est-à-dire une augmentation ou une diminution dans la vélocité de croissance réelle ou relative de quelques – voire de nombreux – organes." En d'autres termes, la phylogénie, dans ces circonstances, a joué sur des variations portant sur les taux relatifs de l'activité des gènes qui sont le sujet du dernier chapitre ou en permettant à ces gènes d'être actifs pendant des périodes plus longues ou plus réduites. »

On l'aura compris, ces gènes dont parle De Beer appartiennent à la catégorie des gènes de développement, et c'est là qu'on pourra sans doute trouver la limite de l'analyse de D'Arcy. Cette limite ne s'explique pas par l'absence dans le territoire scientifique du concept de gène. Les lois de Mendel ont été redécouvertes par De Vries et plusieurs autres savants ; Morgan et son école ont localisé des caractères sur les chromosomes ; bref l'idée de gène n'est pas absente du paysage scientifique. Ce qui est probablement manquant est le concept de gène de développement, c'est-à-dire de gènes dont les mutations auront des effets globaux sur un organe ou un organisme. D'une certaine façon, on peut se demander si D'Arcy n'est pas prisonnier d'une idée gradualiste de l'évolution, celle qui prévaut à l'époque. Goldschmidt – qui défend l'idée de mutations *overnight* conduisant à l'apparition brutale de monstres dont certains, « porteurs d'espoir », passeront l'épreuve de la sélection naturelle – fut, comme le rappelle Stephen Jay Gould, dans la préface de *The Material Basis of Evolution*, durement moqué par les défenseurs du dogme de l'évolution par accumulation de petites modifications, le grand Morgan en tête.

C'est dire que si D'Arcy par sa réflexion peut sembler mettre en cause la génétique, selon l'interprétation de certains théoriciens, mathématiciens, physiciens ou biologistes qui le considèrent comme un maître à penser, ce ne peut être toute la génétique, mais seulement celle qui n'a pas encore fait sa place aux gènes de développement car, comme le rappelle le chapitre premier de cet ouvrage, il y a bien gène et gène.

Comment s'en sortir, sans gènes de développement et sans accumulation de petites modifications, processus trop lent pour penser l'évolution rapide vers de nouvelles espèces ? Une solution sera suggérée par des théoriciens extrêmement brillants, comme Waddington, qui voient dans de petites variations originaires la possibilité de s'engouffrer dans des vallées « thermodynamiquement » stables. L'image choisie est celle d'une bille en haut d'une pente se séparant en deux vallées et qui, selon l'aléatoire des premières vibrations, peut tomber d'un côté ou de l'autre. On le voit, une petite différence peut conduire au choix entre deux configurations également stables. Au fond, si on remplace la vibration initiale, le fameux phénomène chaotique, par une mutation et qu'on donne aux deux vallées les noms « œil » ou « aile », les deux modèles, le modèle chaotique et le modèle génétique, aboutissent au même résultat.

Nos conceptions actuelles mettent l'accent sur les modèles génétiques et déterministes parce qu'ils sont plus facilement explicables en termes de mécanismes moléculaires, alors que le modèle chaotique évoque une variabilité imprévisible des conditions initiales et fait appel à une théorie (celle du chaos justement) dont il semble possible de faire l'économie. La prudence cependant s'impose et ce pour deux raisons principales. D'une part, on ne peut exclure que pour d'autres phénomènes biologiques, ceux liés en particulier à l'activité électrophysiologique cérébrale, la théorie du chaos soit utilisable. D'autre part, si on revient à l'idée que ce qui détermine le phénotype, ce n'est pas un gène maître faisant office de commutateur, par exemple œil-aile, mais un réseau génétique, alors on peut envisager que l'activité globale du réseau, en réponse à une variation physiologique, ramène, à la façon d'un régulateur, vers l'accomplissement global de la tâche « œil ou aile », ou, pour reprendre l'image de Waddington, vers une vallée déterminée, toujours la même. Ce processus de régulation cybernétique peut évidemment être dérégulé dès que l'énergie suffisante aura été donnée pour passer d'une vallée à l'autre. Ce phénomène peut résulter de mutations affectant un ou plusieurs gènes du réseau, ou de l'envahissement du réseau, son « infection » par le produit d'un gène de développement extérieur comme il est suggéré dans le chapitre sur la formation de la tête à propos de la « guerre de mouvement ». Mais on ne peut, non plus, exclure que ce changement de vallée résulte d'un phénomène épigénétique conduisant à une phénocopie de la mutation, phénomène qui offre certaines similitudes évidentes avec les propositions de Waddington.

De cette analyse, on pourra tirer deux ultimes conclusions. La première est que le dernier chapitre du livre de D'Arcy n'est pas, malgré les apparences, séparable de ceux qui le précèdent. Dans les deux cas, il s'agit de forces ou, plutôt, d'énergies appliquées ici à la cellule et là à l'ensemble des cellules appartenant à un champ morphogénétique. De ce point de vue, il est remarquable que nous soyons arrivés aujourd'hui à la conclusion que les gènes de développement sont à l'œuvre aussi dans la morphogenèse unicellulaire et pas seulement dans celle des organes et que les cibles de ces gènes, les molécules dont ils régulent l'expression, sont les ouvriers des processus morphogénétiques se produisant à ces deux niveaux, « les porteurs de forces ». Comment d'ailleurs ne pas accepter que ces deux niveaux s'emboîtent l'un dans l'autre : la forme d'une cellule n'est pas indépendante de celle de l'organe (et réciproquement) et le lieu d'action des gènes est la cellule dont la morphogenèse reste un point de passage obligé, D'Arcy l'a bien compris, pour la compréhension du développement des organismes pluricellulaires.

Une deuxième conclusion est que le travail et les réflexions, y compris les échecs et les incompréhensions, des embryologistes, théoriciens et expérimentalistes confondus de la fin du XIXe siècle et du début du XXe portent la marque, en creux, du concept de gène de développement. Que ce soit Claude Bernard, Haeckel, Goldschmidt, De Beer, D'Arcy, et combien d'autres, il est remarquable que tout converge vers cette pièce manquante d'un puzzle qui permettra enfin l'unification des sciences du vivant. Pour en rester à D'Arcy, son approche ouvre résolument aujourd'hui sur la génétique et ce serait un véritable contresens que de séparer les premiers chapitres de celui qui donne son sens et son élan visionnaire à l'ensemble de tout l'ouvrage. Bref, sauf à se tenir pour satisfait de regarder les bourgeons pousser en récitant la suite de Fibonacci, il est impossible de s'appuyer sur D'Arcy pour répudier la génétique au profit d'une pure approche physicaliste, aussi précieuse soit-elle.

CHAPITRE VII

Alan Turing et la machine-esprit

Sa vie est un roman. La question de la décidabilité redéfinie par la calculabilité. Turing, inventeur du concept d'ordinateur. La machine de Turing universelle est indépendante de sa structure matérielle. La machine-esprit. Philosophie de l'esprit : le test de Turing. Qu'est-ce que penser ? Qu'est-ce qu'une machine ? Les objections au test de Turing. Une machine-enfant et la question du développement biologique.

Alan Turing (1912-1954) n'est pas un homme ordinaire, ni par son histoire personnelle ni par son parcours scientifique. Les amateurs trouveront les détails dans le livre de A. Hodges intitulé *Alan Turing ; the Enigma of Intelligence.* Je ferai donc court sur la biographie. Une petite enfance marquée par l'éloignement parental, une inclination homosexuelle dont la première manifestation connue est l'attachement pour son condisciple Christopher Morcom, mort en 1930 des suites d'une tuberculose bovine. Le génie mathématique, qui est comme un hommage à l'esprit du mort, dont il semble persuadé – au moins pendant deux années – qu'il s'est réincarné dans son propre corps. Une carrière de logicien qui débute, en 1936, par la mise au point d'une procédure logique – la fameuse machine de Turing – démontrant qu'il n'existe pas de procédé permettant de prédire si toute fonction est ou n'est pas calculable (l'indécidabilité de Hilbert). L'application de ses connaissances en logique mathématique au déchiffrement du code Enigma utilisé par les sous-marins allemands qui contribue à sauver l'Angleterre du blocus des voies maritimes. Une participation à la construction du premier ordinateur qui est aussi une forme d'éviction de Turing qui se voit, sur le plan pratique, et même sur celui de la reconnaissance, comme dépossédé de sa paternité d'inventeur du concept d'ordinateur. Un article de philosophie de l'esprit publié en 1950 dans la revue *Mind* et qui décrit le fameux test de Turing, suivi de l'article de 1952 sur la morphogenèse et le projet d'une théorie biologique de la morphogenèse. Le procès pour homosexualité, le choix de la castration chimique réversible – plutôt que la prison – et le suicide, en juin 1954, par ingestion d'une pomme ayant macéré dans du cyanure, à la manière de Blanche-Neige. Nous avons passé la première moitié du XXe siècle, qui fait mieux ?

Laissons de côté le caractère dramatique de la vie de Turing pour nous tourner vers les trois articles principaux de son univers scientifique. Le premier, « On computable numbers, with an application to the Entscheidungsproblem », est publié en 1936. Il y traite de la question de la décidabilité (Entscheidungsproblem), posée par le logicien-mathématicien David Hilbert.

En 1928, à Bologne, David Hilbert avait en effet posé trois problèmes concernant le statut de l'axiomatique formelle. L'axiomatique formelle est-elle complète ? L'axiomatique formelle est-elle consistante ? L'axiomatique formelle est-elle décidable ? Ces questions n'étaient évidemment pas gratuites et se situaient dans le contexte, au cours des années 1920, de la théorie des ensembles et du développement d'une axiomatique sur laquelle pourrait être assise de façon définitive la notion de vérité mathématique. Pour une appréciation des implications scientifiques et philosophiques des questions soulevées par Hilbert, on pourra se reporter à la fois au livre de A. Hodges déjà cité et à l'ouvrage de Roger Penrose, *L'Esprit, l'ordinateur et les lois de la physique* et, surtout, au *Turing* de Jean Lassègue.

Pour tout domaine des mathématiques, le programme de Hilbert consiste à définir une liste d'axiomes et de règles d'inférences incorporant toutes les formes de raisonnement mathématique de ce domaine. Dans ce domaine, toute proposition décrite sous la forme d'une formule exprimée par un nombre de Gödel doit pouvoir être démontrée ou réfutée à partir des axiomes de départ : c'est la complétude. Dans ce domaine, les axiomes n'engendrent que des théorèmes et ces théorèmes ou propositions ne peuvent être contradictoires : c'est la consistance. Dans ce domaine, il doit exister une procédure algorithmique permettant de décider si, à partir des axiomes et des règles d'inférence, une question mathématique peut être résolue sous forme de théorème : c'est la décidabilité. Par exemple, si un mathématicien génial a une intuition mathématique que la technicité mathématique ne permet pas de prouver ou de réfuter (c'était le cas de la conjecture de Fermat), existe-t-il un algorithme qui permettrait de décider si cette conjecture correspond ou non à un théorème, c'est-à-dire est ou non démontrable, en droit. Il était revenu à Gödel en 1931 de démontrer que la complétude et la consistance ne pouvaient être obtenues ou que ces propriétés imposaient des limites à l'axiomatique formelle. En particulier, Gödel établit qu'il existe des propositions vraies relevant de l'arithmétique mais qui ne peuvent être démontrées à l'aide d'une axiomatique formelle constituée d'un nombre d'axiomes et de règles finies.

Alan Turing redéfinit la question de la décidabilité dans le cadre plus général de la calculabilité. Les formules étant codées par des nombres (nombres de Gödel), toute fonction ou conjecture peut être écrite sous forme d'un nombre pour lequel existe, ou non, une procédure de calcul arithmétique. Pour citer Jean Lassègue, on dira que « l'axiomatique formelle peut devenir calcul formel et qu'une passerelle peut être construite entre la théorie de la démonstration et la théorie de l'arithmétique ». C'est là qu'intervient la thèse de Turing qui correspond à une définition précise et rigoureuse de ce qu'il faut entendre par calculable.

Selon cette thèse, l'ensemble des procédures à mettre en œuvre (algorithme) pour effectuer un calcul doit être « mécaniquement possible » ou, si l'on préfère : pour toute fonction calculable, il existe une machine de Turing, machine virtuelle, capable d'effectuer ce calcul en un nombre fini d'opérations discrètes. Chaque machine – répétons-le, il ne s'agit pas là d'une vraie machine mais d'une construction théorique – est constituée d'un ruban de longueur infinie divisé en cases, chaque case étant soit vide, soit marquée d'un symbole d'entrée ou d'un symbole de sortie. La tête de lecture transforme les symboles d'entrée en symboles de sortie ; cette transformation ou décodage s'effectue en suivant pas à pas les instructions d'une « table de comportement » ou encore d'un algorithme spécifique de chaque machine de Turing particulière. Par définition donc, chaque fonction calculable par un être humain doit l'être aussi par une machine de Turing et à toute fonction calculable on doit faire correspondre une machine de Turing, logique et à états discrets.

C'est à l'aide de ce concept de machine que Turing va s'attaquer au problème de la décidabilité reformulée sous la forme de la calculabilité. À cette fin, Turing s'intéresse aux nombres qui, comme π par exemple, sont calculables à n'importe quelle décimale mais forment une suite infinie de chiffres. La machine de Turing qui calcule π a une table d'instructions finie (l'algorithme qui permet de calculer π est une procédure de calcul, il est donc fini) même si la suite des chiffres que l'algorithme permet de calculer est infinie. Toutes les machines de Turing sont alors disposées en ordre alphabétique et on élimine celles qui produisent un nombre fini de chiffres. Mais comment les éliminer, sans examiner leur table de comportement pour savoir si elles ne produisent qu'un nombre fini de chiffres ? Pour résoudre ce problème de l'arrêt, il nous faut une autre machine de Turing capable d'examiner les tables de comportement de toutes les machines de Turing pour décider ou non de leur arrêt. Or toutes les machines, cela veut dire aussi cette dernière machine, ce qui, démontre Turing, est contradictoire car cette machine devrait à la fois s'arrêter et ne pas s'arrêter. D'où il peut conclure qu'une telle machine n'existe pas et donc qu'il n'existe pas de procédure mécanique générale pour décider de la calculabilité d'une fonction, ce qui répond par la négative à la troisième question posée par David Hilbert.

Cela laisse la porte ouverte à ce que A. Hodges, dans son récent *Turing*, publié en 1997, appelle « penser l'incalculable ». Reprenant des arguments développés par Turing à son retour de Princeton dans un autre article publié en 1939 sous le titre de « Systems of logic based on ordinals », il avance la possibilité d'un recours à l'intuition et à une logique composée autant que possible d'éléments calculables au sens mécanique de machine de Turing mais incluant quand c'est nécessaire des éléments d'intuition non calculables mais vérifiables par leurs conséquences.

Pour revenir à nos machines, le pas suivant consiste à postuler la possibilité d'une machine universelle – toujours virtuelle – à laquelle on indiquera, en début de ruban, quel algorithme utiliser. On voit se dessiner là le concept de programme (l'algorithme) et d'ordinateur, une machine capable de comprendre tous les programmes (un programme correspondrait à une machine de Turing particulière) et d'effectuer les opérations correspondant au programme entré dans la machine universelle. C'est à ce titre qu'on peut dire que Turing est sans doute le père conceptuel de la programmation, et donc de l'ordinateur comme machine logique.

Il est remarquable que les opérations logiques menées par Turing sont d'ordre purement mathématique et donc ne correspondent pas à une vraie machine, même si de vraies machines pourront être construites plus tard sur ce modèle logique avec – pour la rapidité et le stockage – l'aide de l'électronique. Par conséquent, les machines de Turing apparaissent comme indépendantes de la nature du support physique. Ce sont des machines-esprit qui peuvent se matérialiser dans n'importe quelle structure, un ordinateur ou un cerveau humain. N'oublions pas qu'à chaque fonction calculable par un être humain doit correspondre une machine de Turing. Dans ce sens, le cerveau humain est, comme l'ordinateur, une machine de Turing universelle.

Il ne faut donc pas s'étonner si Turing mathématicien se fait philosophe de l'esprit et, en 1950, publie l'aboutissement de ses réflexions dans *Mind* sous le titre « Computing machinery and intelligence ». Et pour commencer, un peu comme il l'avait fait pour la calculabilité, il s'empresse de changer la question pour une autre ou plutôt pour un jeu d'imitation connu depuis sous le nom de test de Turing. Ce test se joue à trois. Dans une pièce, un interrogateur (C) et dans une autre un homme (A) et une femme (B). Le but du jeu pour l'interrogateur est de deviner à la suite d'une série de questions et de réponses qui est l'homme et qui est la femme. Bien entendu, les réponses sont données sur un support qui interdit une identification triviale (la tonalité de la voix, par exemple). Le but de A est d'induire C en erreur, celui de B est de l'aider. L'autre élément du jeu est de remplacer A par une machine à l'insu de C. Dans quelle mesure cela changera-t-il la performance de C ? Combien de temps se passera-t-il avant que C ne constate la substitution ? Voilà comment Turing remplace la question originelle : « Les machines pensent-elles ? » On voit donc que le point de vue de Turing est avant tout opérationnel : si on ne peut distinguer les performances de l'homme de celles de la machine, alors celle-ci pense au sens où un homme pense.

Ayant défini ce qu'il entend par penser, Turing se met en devoir de définir ce qu'est une machine. Au départ, il se donne la possibilité d'utiliser toute machine construite par des ingénieurs. Il envisage même de permettre aux ingénieurs de construire une machine dont ils ne peuvent clairement expliquer les règles de construction parce qu'elles sont restées à un niveau trop empirique. En revanche, il souhaite éliminer des machines utilisables pour son test « les hommes qui seraient nés de la manière usuelle ». Cette condition pourrait être remplie en sélectionnant des ingénieurs du même sexe, donc ne pouvant se reproduire sexuellement, sauf, dit-il, qu'on peut imaginer fabriquer un être humain à partir d'une cellule, par exemple une cellule de la peau.

Je reviendrai sur ce point de la construction de la machine, qui me semble être au cœur du cas Turing, mais d'ores et déjà on voit là, nous sommes en 1950, la capacité inventive de Turing. À l'inverse de nombreux savants, y compris biologistes, il a intégré non seulement que l'information contenue dans une cellule pourrait permettre la reconstruction d'un individu, mais aussi que beaucoup de régions du cerveau humain impliquées dans l'intelligence ne sont probablement pas composées de circuits neuronaux établis une fois pour toutes (cité par Hodges). Cette conception l'amènera à développer l'idée qu'un cerveau d'enfant peut, par l'éducation, être transformé en machine de Turing universelle ou « quelque chose de ce type » et qu'il pourrait donc y avoir là une ébauche de solution au problème de la construction de cette machine. Avant d'en venir à cet aspect et pour en rester au problème du choix de la machine, il décide dans l'article de *Mind* de ne conserver que les seuls ordinateurs digitaux à composants électroniques.

Suit un développement où il explique le principe de l'ordinateur digital, qui n'est autre que celui de la machine de Turing universelle sur laquelle j'ai déjà donné les éléments d'information nécessaires. La seule donnée importante supplémentaire est que les capacités de stockage, la rapidité d'exécution et la richesse des programmes peuvent être modifiées et qu'avec le temps, le jeu peut être gagné par l'ordinateur. Turing fait la prédiction que dans cinquante ans, aujourd'hui donc, un interrogateur n'aurait pas plus de 70 % de chances de fournir l'identification adéquate après cinq minutes de jeu. C'est sa conjecture et il défend épistémologiquement l'usage des conjectures dès lors qu'elles ne sont pas présentées comme des faits établis.

L'article de *Mind* se poursuit sur le plan philosophique avec un certain nombre d'objections qui peuvent être adressées à l'idée que les machines pensent. L'objection théologique est balayée d'un revers de plume moqueur, Turing est un athée convaincu. L'objection de la tête dans le sable du type « ce serait trop horrible si les machines pensaient » est balayée, car elle est fondée sur l'idée que l'Homme est nécessairement supérieur. Il pense que, dans ce cas, « la consolation est plus appropriée que la réfutation ».

Vient ensuite l'objection mathématique. Elle est inté-ressante, car Turing lève contre lui-même les limita-tions inhérentes aux machines à états discrets en avançant que le cerveau ne fonctionne probablement pas par états discrets. Il produit, contre les machines, le théorème de Gödel et sa propre réfutation de la troi-sième conjecture de Hilbert pour dire que certaines assertions émises dans un système logique ne pour-ront jamais être prouvées ou réfutées au sein de ce même système. Du coup, dans le jeu des imitations, qui fait l'objet de l'article (la machine imite l'homme), on pose des questions auxquelles la machine donnera une réponse fausse ou ne saura répondre ni par oui ni par non. Il admet, évidemment, cette limitation et bien qu'objectant qu'il n'est pas prouvé qu'elle ne s'applique pas aussi au cerveau humain, il répond que donner de fausses réponses est aussi le lot du cerveau humain et que si nous triomphons d'une machine cela ne veut pas dire qu'il n'existe pas une autre machine plus forte que nous. Bref, il n'est pas assuré que nous puissions triompher de toutes les machines. Il reste qu'il se rend quand même partiellement à l'argument (probablement parce qu'il doute du fonctionnement digital du cerveau et qu'il sait la puissance de l'intui-tion à laquelle il se réfère explicitement dans son article sur la logique ordinale) et il suppose que « ceux qui se tiennent à l'argument mathématique seraient très disposés à accepter le jeu de l'imitation, au moins comme base de discussion ».

L'argument suivant est aussi majeur. Il est connu comme argument de la conscience ou argument du professeur Jefferson. En 1949, Jefferson avait en effet dit qu'il n'accepterait pas que les machines soient les égales de l'homme tant qu'elles ne seraient pas capables d'écrire un sonnet, de composer un concerto et, surtout, tant qu'elles ne seraient pas conscientes d'avoir écrit ou composé, tant qu'elles ne ressentiraient pas du plaisir face au succès, qu'elles ne seraient pas charmées par le sexe, ou mises en colère face à un refus, bref, tant qu'elles ne ressentiraient pas d'émotions. La réponse de Turing est à la fois opérationnelle et probablement marquée par la figure de Wittgenstein. Il pousse l'argument de Jefferson au terme de sa logique : la seule façon de savoir ce que pense ou ressent une machine est d'être cette machine et il en est de même pour un homme. Il déclare que la plupart des gens qui soutiennent l'argument de la conscience préféreraient l'abandonner plutôt que d'adopter cette position solipsiste. Il admet cependant qu'il y a des éléments mystérieux dans la conscience, tout particulièrement sa localisation. J'aborderai ce point dans les derniers chapitres.

Je passe brièvement sur l'objection suivante, celle des « diverses incapacités des machines », par exemple celle de faire des erreurs ou d'apprécier les fraises à la crème, « ce plat délicieux », car il relève en fait de l'argument de la conscience. Celui de Lady Lovelace – comtesse contemporaine de Babbage, précurseur de Turing et inventeur d'une machine analytique –, qui est qu'une machine ne peut que restituer ce qu'on lui a appris, qu'elle n'invente pas, est plus intéressant historiquement mais relève aussi à mon sens de l'argument de la conscience. Je sauterai donc directement à l'objection dite de la « continuité du système nerveux » qui s'énonce ainsi : « Le système nerveux n'est certainement pas une machine à états discrets. Une petite erreur d'information regardant la taille d'un influx nerveux stimulant un neurone pourrait faire une grande différence quant à la taille de l'influx efférent. Il pourrait être conclu que, s'il en est ainsi, on ne peut s'attendre à mimer le comportement du système nerveux avec une machine à états discrets. »

La réponse de Turing est que c'est bien vrai, mais que, si l'on s'en tient aux conditions du jeu de l'imitation, l'interrogateur ne tirera aucun avantage de la différence entre une machine à états discrets et une machine de type analyseur différentiel qui travaille en continu.

L'avant-dernier argument est celui du comportement informel des individus humains. Il repose sur le fait qu'il est impossible de décrire dans une série d'algorithmes l'ensemble des comportements qu'un homme pourrait adopter en toutes circonstances. Turing est en accord avec cet argument mais il réplique que si être régi par un ensemble fini ou complet de lois du comportement signifie être une machine, il est à l'inverse difficile de conclure à l'absence d'une telle série complète de lois du comportement pour un être humain, lequel serait alors, lui aussi, une machine.

Finalement les commentateurs de l'article de *Mind* se sont souvent étonnés de ce que l'argument que Turing considère comme le plus fort contre son projet soit celui de la perception extrasensorielle. Cela peut être sans doute étonnant au vu du rationalisme de Turing, mais il croit à la perception extrasensorielle. N'oublions pas sa face livide après avoir consulté une diseuse de bonne aventure et son suicide quelques jours plus tard (de nouveau je renverrai ici au livre de Hodges). Il explique dans ce dernier argument que les preuves de la télépathie, qu'on aimerait discréditer, sont surabondantes et qu'il est difficile de faire cadrer ces phénomènes de perception extrasensorielle dans le corpus de nos connaissances actuelles. D'où la possibilité d'existence d'autres lois de la physique. On soupçonne ici qu'il pense à la mécanique quantique, mais cela reste de l'ordre du soupçon. Il reste que si l'être humain pouvait utiliser la télépathie, alors il aurait un avantage certain sur la machine. La force de l'argument tient dans ce que, si on s'en tient au seul point de vue opérationnel des conditions du test, ce qui est la base du projet de Turing, alors la machine est perdante puisque B et C pourraient communiquer par télépathie.

Il faut admettre qu'à condition de faire abstraction de connaissances cruciales, sur lesquelles nous reviendrons et qui ont à voir avec le développement et l'évolution, le pari de Turing est assez tentant. Adoptons le point de vue d'un huron venu d'une autre planète qui formerait son jugement indépendamment de toute connaissance dans le domaine des sciences biologiques. Il verrait des êtres de différentes formes et il ne saurait pas forcément reconnaître les vivants des artéfactuels. Même du point de vue de la reproduction, du développement et de l'évolution qui, nous le savons, sont l'apanage des êtres biologiques, l'extraterrestre pourra considérer que ce que nous appelons machines sont des entités qui utilisent l'homme pour se reproduire (l'homme les construit, souvent à l'aide d'autres machines) et évoluer, (les machines évoluent plus vite que les êtres vivants), le tout formant une unité symbiotique à avantages réciproques. En fait, seule la connaissance des processus évolutifs, celle de l'histoire des espèces, du développement individuel et aussi celle des techniques permet de sortir de ce paradoxe. Mais évidemment cela demande qu'on propose une autre définition de la pensée, une définition purement biologique.

En attendant, revenons à Turing. On voit pointer dans les dernières pages de l'article de *Mind* une interrogation sur les processus développementaux qui, au cours des quatre années qui lui restent à vivre, occupera l'essentiel des efforts du mathématicien. Il ne s'agit pas encore de biologie, plutôt de métaphore biologique. Sa réponse à toutes les objections qu'il lève contre lui-même est qu'il faut attendre ; après tout, ce qu'il propose n'est qu'une conjecture. Mais comme il ignore, même s'il suppute cinquante ans, le temps qu'il faudra attendre et comme, du point de vue théorique, mille ans ne font pas de différence avec cinquante, il pose la question : « Que faire en attendant ? »

Pour lui la question est avant tout une question de programmation. Il estime sur la base des connaissances neurophysiologiques de son temps que la capacité de stockage du cerveau humain est de 10^{10} à 10^{15} bits. Et que, le nombre de bits utiles étant probablement très inférieur, les machines actuelles, déjà en 1950, ont à la fois les capacités de stockage et les vitesses de calculs suffisantes. Ce pourquoi le mystère réside non pas dans la structure physique, mais dans la programmation. N'oublions pas que c'est l'inventeur des machines de Turing qui parle. C'est à ce point précis de l'article que se situe un tournant capital dans la réflexion de Turing qui va se trouver déviée, à terme, vers des questions purement développementales et biologiques. Lisons : « Dans le processus qui consiste à tâcher d'imiter un cerveau humain adulte, nous sommes obligés (*bound to*) de penser énormément au processus qui l'a amené à l'état (adulte) dans lequel il se trouve. Nous devons remarquer trois composantes :

a) l'état initial de l'esprit, disons à la naissance ;
b) l'éducation à laquelle il a été soumis ;
c) les autres expériences non descriptibles comme éducatives, auxquelles il a été soumis.

Au lieu de tâcher de reproduire un programme qui simule le cerveau adulte, pourquoi, plutôt, ne pas en produire un qui simule celui d'un enfant ? [...]

Nous avons donc divisé notre problème en deux parties. Le programme-enfant et le processus d'éducation. Les deux sont très étroitement connectés. Nous ne pouvons pas nous attendre à trouver une bonne machine-enfant au premier essai. Il faudra expérimenter à la fois les méthodes d'enseignement d'une telle machine et analyser ses capacités d'apprentissage. On pourra alors en essayer une autre et voir si elle est meilleure ou pire. Il y a là une relation évidente avec l'évolution, par les identifications suivantes :

structure de la machine-enfant = matériel héréditaire

changements de la machine-enfant = mutations

sélection naturelle = jugement de l'expérimentateur. »

Turing est un homme conséquent. À partir du moment où on postule qu'il n'y a pas de différence entre un cerveau et un ordinateur et où se pose la question de la construction, alors c'est bien dans l'étude de la construction du cerveau qu'on peut espérer trouver des éléments de réponse au fonctionnement de la machine-esprit. Le mathématicien philosophe est devenu biologiste.

CHAPITRE VIII

Turing et les gradients morphogénétiques

Les bases chimiques de la morphogenèse. Passage d'un état homogène à un état hétérogène du champ morphogénétique. Diffusion et réactions, champs et gradients. La notion de seuils : le problème du drapeau français. Le morphogène type, bicoïd, est un facteur de transcription diffusant au sein d'un syncitium. Le problème de la membrane cellulaire et le retour du concept de protéine infectieuse rencontré au chapitre III. Les homéoprotéines comme morphogènes. Ouvrir la boîte noire.

Comme pour le chapitre précédent, nous partirons d'un article de Turing, « The chemical basis of morphogenesis », publié en 1952. Il constitue, de fait, le troisième article princeps de son œuvre après « On computable numbers, with an application to the Entscheidungsproblem » (1936) et « Computing machinery and intelligence » (1950). Dès le départ, Turing nous prévient qu'il s'agit de construire un modèle mathématique et donc une simplification, voire une falsification, ce sont ses termes, de ce qu'est un embryon en phase de croissance. Deux modèles seront présentés qui ne seront pas détaillés ici, le lecteur intéressé pouvant se reporter au texte original de Turing republié en 1992, mais qui se distinguent par le rôle qu'y joue la structure cellulaire. Dans un premier modèle, bien que Turing reconnaisse la validité de la théorie cellulaire, les cellules sont idéalisées sous la forme de points – sans membranes – disposés dans un espace géométrique qui ne connaît pas de croissance. Dans l'autre modèle, les cellules ne sont pas totalement ignorées en ce que l'espace que j'appellerai d'ores et déjà champ morphogénétique a des propriétés – élasticité, etc. – qui sont celles des cellules. Soulignons ici que le terme de champ morphogénétique est emprunté par Turing à Child, un des rares auteurs qu'il cite avec D'Arcy Thompson et Waddington. Cette absence de structure cellulaire est un point assez remarquable sur lequel je reviendrai.

C'est dans cet article que Turing reprend le concept de morphogène. Aujourd'hui, il est très difficile d'avancer ce terme sans que les gardiens du temple ne se dressent pour défendre la définition très exacte du morphogène, un peu comme il y a quelques années on s'empoignait sur la définition de l'inducteur neural ou d'un neuromédiateur. À cette aune, il est intéressant de reprendre la définition de son inventeur et de constater son extrême souplesse. Pour Turing, nous avons des masses de tissus qui ne croissent pas et au sein desquels certaines substances réagissent chimiquement. Ces substances qui diffusent à travers les tissus sont des morphogènes parce qu'elles produisent des formes. Au-delà, je cite : « Ce terme n'a aucun sens très exact, mais désigne simplement une substance en rapport avec cette théorie. Les évocateurs de Waddington fournissent un bon exemple de morphogènes. »

Je reviendrai sur cet aspect et surtout sur un point important qui n'est pas sans rapport avec la division du tissu en cellules et qui consiste à poser la question de savoir si les gènes eux-mêmes peuvent être des morphogènes. Cette question posée par Turing, et à laquelle il répond de façon contradictoire, est évidemment importante dans le cadre d'un essai consacré pour une grande part aux gènes de développement, c'est-à-dire à des gènes à activité directement morphogénétique. Ajoutons pour faire bonne mesure que les évocateurs de Waddington, exemples même des morphogènes que Turing a en tête, sont, comme l'évocateur de patte, des molécules qui peuvent induire dans un petit nombre de cellules embryonnaires, constituant un disque imaginal, le destin patte. La mutation d'un tel évocateur pourrait donc être responsable de la transformation homéotique « antenne donne patte » observée dans le mutant de drosophile Antennapedia ou « œil donne aile » dans le mutant Ophtalmoptera. Pour aller droit au but, je proposerai dans quelques instants que si les gènes de développement ne sont pas à proprement parler des morphogènes, certains de leurs produits, les facteurs de transcription de la classe des protéines à homéodomaine, qu'on se reporte aux premiers chapitres de cet ouvrage ou au glossaire pour en retrouver la définition, sont des morphogènes tout à fait présentables.

Mais tout d'abord, quelle est la théorie de Turing ? J'en donnerai une illustration dont les éléments sont repris du commentaire de C.W. Wardlaw (1953), que l'on trouvera sous sa forme originale dans le volume *Morphogenesis* des œuvres complètes de Turing. À partir d'un tissu homogène, ou presque, un patron ou une structure ne peut émerger que par une brisure de l'homogénéité initiale. Il y a évidemment plusieurs cas possibles mais tous sont fondés sur les mêmes principes. Dans celui proposé par Wardlaw, et qui peut servir d'exemple théorique, on se donne deux morphogènes X et Y. Un troisième partenaire, la molécule C, à activité catalytique, n'est autre qu'un évocateur à la Waddington, donc une molécule à laquelle on ne dénie pas, non plus, le qualificatif de morphogène et dont l'action biologique n'apparaît qu'au-dessus d'un seuil donné de concentration. X et Y diffusent, à des vitesses distinctes. Il existe une relation métabolique entre X, Y et C. Par exemple, X peut activer et Y inhiber la synthèse de C, et X et Y peuvent s'inhiber réciproquement. Enfin, on ajoute au modèle que X et Y ne s'épuisent pas mais, au contraire, sont synthétisés dans un processus qui ressemble à de l'auto-amplification à partir de substrats abondamment présents dans le champ morphogénétique.

Si, au départ, X et Y sont distribués de façon homogène à l'exception de quelques fluctuations locales, les équations donnent C constant ou proche de zéro si Y qui inhibe sa synthèse est en concentration égale à X qui l'active, par exemple. Cette solution est cependant instable et présente des fluctuations auxquelles les concentrations des trois molécules s'ajustent en les tamponnant. Mais, du fait de la diffusion inégale de X et Y (ou de leurs synthèse et destruction inégales), on peut arriver à un moment où, en un point du champ, le déséquilibre entre X et Y passe un seuil au-delà duquel le système cesse de tamponner les fluctuations et où celles-ci deviennent, au contraire, cumulatives, en particulier parce que X et Y s'auto-activent. En certaines zones où X est arrivé plus vite que Y, X sera dominant ; en d'autres d'où X est parti plus vite ce sera Y qui prendra le dessus et le patron de distribution de C, X et Y peut alors se fixer en zones régulières d'expression, par exemple des zones où la concentration d'un des morphogènes devient nulle et d'autres où elle devient maximale.

Dans ce modèle, on est passé d'un état homogène à un état hétérogène, à un *patterning* du champ morphogénétique en ne faisant appel qu'à des lois physico-chimiques : synthèse et dégradation de molécules, diffusion différentielle, viscosité et structure physique (barrières bloquant ou couloirs facilitant la diffusion) du champ morphogénétique, et les distributions obtenues ne dépendent que des valeurs des constantes attribuées à chacun de ces éléments. Turing, dans certains exemples, va même plus loin dans le physicalisme en imaginant qu'un des morphogènes se brise, par catalyse, en un grand nombre de petites molécules, l'augmentation de pression osmotique locale et l'attraction d'eau qui en résulte conduit à une morphogenèse – croissance cellulaire – locale.

Il est clair que nous sommes là dans une problématique à la D'Arcy Thompson, le D'Arcy des premiers chapitres, les deux mathématiciens-philosophes se donnant clairement le projet d'amener la biologie dans le champ des sciences physiques et mathématiques. C'est à ce titre qu'ils ont été transformés en objets de culte pour un certain nombre de physiciens et mathématiciens, voire de biologistes, qui ne se sont pas éveillés aux données récentes de la biologie du développement. Les réflexions de Turing et D'Arcy, dont, on s'en sera rendu compte, je ne suis pas le dernier à reconnaître le caractère admirable, ne permettent cependant pas de faire l'économie de l'approche génétique, sauf à se désintéresser des mécanismes proprement biologiques qui sous-tendent le développement et l'évolution des organismes. De fait, ce qu'il y a de remarquable dans les œuvres de ces deux théoriciens, c'est qu'elles débouchent, à partir de modélisations physiques ou mathématiques de phénomènes vitaux, sur la question du développement biologique. Dans le cas de Turing comme dans celui de D'Arcy, le thème du développement, bien que traité à part (le dernier chapitre de *On Growth and Form* pour D'Arcy et l'article de 1952 « The chemical basis of morphogenesis » pour Turing), reste indissociable de la partie purement physique ou mathématique de leur œuvre. Il semble donc difficile d'accepter qu'au nom de la sacralisation de ces deux héros de la biologie théorique, on puisse penser que la clef de la compréhension du vivant réside uniquement dans l'étude des propriétés physico-chimiques de la matière vivante. Plus clairement, le fait que le vivant soit matériel ne suffit pas à faire entrer la biologie dans le domaine théorique des seules sciences physico-chimiques.

Revenons donc à la biologie et à l'idée que celle-ci se fait, aujourd'hui, des morphogènes. Le premier point qui semble important est leur caractère diffusible. En effet, une caractéristique essentielle du champ morphogénétique tel qu'il a été défini par les pionniers du domaine comme Boveri (1910), Gurtwitsch (1924), Weiss (1925) ou encore Child (1928) – cité par Turing – est l'existence d'un gradient de morphogène. Cela peut sembler évident mais, en fait, il est extrêmement difficile de prouver l'existence d'un gradient d'une molécule dont on suppose l'activité morphogénétique. Pour donner un exemple, il existe chez la drosophile un facteur protéique appelé *wingless* (dont on suppose, depuis plusieurs années, qu'il diffuse des régions antérieures aux régions postérieures de chaque segment de l'embryon, formant ainsi un gradient, mais la visualisation de ce gradient dans l'espace extracellulaire n'a été rapportée que cette année (par le laboratoire de Stephen Cohen). Dans un commentaire sur ce travail, I. The et N. Perrimon écrivent que « vérifier ce modèle (de diffusion et de formation d'un gradient) s'est trouvé très difficile [...]. De ce fait, en face du manque de données, de nombreux biologistes du développement ont commencé à douter de la théorie selon laquelle ces molécules sont organisées en gradients extracellulaires ».

Autre point important : si les molécules sont extracellulaires, les effets, eux, sont intracellulaires puisque *in fine* c'est en réponse à la concentration de morphogène que la cellule engage, au niveau génétique, un programme de différenciation particulier. Il faut donc que la cellule exprime à sa surface des récepteurs capables de fixer les morphogènes, de mesurer leur concentration et de relayer cette information au niveau génétique ou bien que les morphogènes traversent la membrane de la cellule et aient un accès direct au noyau, comme si les membranes n'existaient pas.

Une possibilité alternative est l'absence effective de membranes dans ce qu'on appelle un syncitium. J'y viendrai dans un instant.

Pour que la diffusion du morphogène structure le champ morphogénétique, il est nécessaire que les cellules du champ réagissent de façons distinctes en fonction des zones de concentration. Lewis Wolpert a popularisé cette idée sous le terme de « problème du drapeau français » : un champ morphogénétique est traversé par un gradient de morphogène et les cellules exposées aux concentrations fortes, intermédiaires ou faibles expriment respectivement les couleurs bleu, blanc, rouge. Cette idée fait apparaître l'existence de seuils de concentrations en-deçà et au-delà desquels on change de couleur. Le gradient délimite des domaines et trace des bords à l'intérieur du champ morphogénétique. Cette sous-division peut se trouver à l'origine, alors que les cellules prolifèrent ou grandissent, de la génération de nouveaux champs et il n'est pas rare, de fait, que les bords soient la source de nouveaux morphogènes. On aura en effet compris que les contraintes de diffusion nécessitent que les champs restent de petite taille, le chiffre d'une centaine de cellules (un carré de dix sur dix) a été avancé. Nous retrouvons ici l'idée d'emboîtement exposée dans le chapitre III.

Prenons maintenant l'exemple concret d'une molécule qui semble faire consensus quant à sa qualité de morphogène, il s'agit de la protéine bicoïd qui est la première à déterminer, chez l'embryon de drosophile, où est l'avant et où est l'arrière. De fait, elle tient son nom du phénotype du mutant chez qui le gène est absent et dont la partie avant est transformée en partie arrière d'où bicoïd : qui a deux queues. Un mot sur le développement de l'embryon de drosophile. Dès la fécondation et la fusion des gamètes, le noyau du zygote prolifère. Cette phase de prolifération nucléaire conduit à la formation d'environ mille noyaux qui se disposent à la surface de l'embryon. Il est important de comprendre ici que cette phase ne s'accompagne pas de formation de membranes cellulaires et que les noyaux ne sont séparés les uns des autres que par du cytoplasme. On a donc affaire à un syncitium. Si on étudie maintenant la position de l'ARN messager qui code la protéine, et qui est d'origine maternelle, on constate qu'il est entièrement ancré à l'avant de l'embryon. Si maintenant on visualise non plus le messager mais la protéine synthétisée par le messager, on découvre que la protéine n'est produite qu'après la fécondation et qu'elle diffuse à partir de l'avant de l'embryon, son lieu de synthèse, vers l'arrière formant ainsi un gradient antéropostérieur de concentration.

Du fait de l'absence de membranes, la protéine bicoïd baigne cytoplasme et noyaux, chaque noyau étant exposé à une concentration particulière, qui est fonction de sa position le long de l'axe antéropostérieur du champ morphogénétique que constitue, à ce stade, l'embryon entier. Le gradient est maintenu du fait que la protéine est synthétisée en un seul point mais est aussi dégradée rapidement, sa demi-vie n'excédant pas trente minutes. Si on doit insister sur l'absence de membranes dans ce syncitium, c'est que bicoïd est un facteur de transcription de la classe des protéines à homéodomaine ; il active donc la transcription de gènes en se liant directement au niveau des noyaux sur des séquences régulatrices. La présence de membranes empêcherait donc son action qui, au contraire de celle d'un facteur de croissance comme *wingless*, ne s'exerce pas à la surface de la cellule mais dans la cellule et, plus précisément, dans le noyau. En fonction de la concentration de bicoïd, ce sont des gènes différents qui sont, d'avant en arrière, activés. On a donc ici l'illustration parfaite du concept de drapeau français avancé par Lewis Wolpert et exposé un peu plus haut. Notons au passage, pour être complet, que bicoïd a aussi un rôle dans le cytoplasme et qu'il contribue d'une autre manière au *patterning* de l'embryon en inhibant la traduction du messager d'un autre gène appelé caudal dont le produit protéique forme de ce fait un gradient inverse de celui de bicoïd.

Le morphogène type, bicoïd, celui sur lequel tout le monde s'accorde, n'a qu'un seul défaut, celui de ne pas être un facteur de croissance mais un facteur de transcription de la classe des protéines à homéodomaine ou homéoprotéines. Cette particularité est acceptable pour bicoïd puisque le champ morphogénétique constitué par l'embryon de drosophile, au stade où le morphogène exerce son action, est un syncitium, sans membranes donc. Pour les autres homéoprotéines qui sont exprimées dans des tissus composés de cellules, le problème se pose différemment puisque jusqu'à récemment il était hors de question de penser que des facteurs de transcription puissent entrer et sortir des cellules. Le schéma classique est donc que l'homéoprotéine code un morphogène, le plus souvent un facteur de croissance qui, lui, est sécrété. Sur le plan théorique pourtant, on devrait se réjouir du rôle de morphogène direct joué par bicoïd.

En effet, les gènes de développement, dont les homéo-gènes constituent la classe la plus importante, sont, eux ou leurs produits, des morphogènes rêvés puisque leurs mutations sont à l'origine des modifications mor-phogénétiques dramatiques que l'on peut observer chez tous les métazoaires comme chez les plantes.

Dans la logique de ce qui a été exposé dans le chapitre III sur les protéines infectieuses, le but de la discussion qui précède est de proposer que, effectivement, les protéines à homéodomaine non seulement au sein d'un syncitium, mais aussi dans un champ morphogénétique cellularisé, pourraient jouer le rôle de morphogènes directs. Cette proposition est fondée sur des expériences menées depuis bientôt douze ans dans mon groupe de recherche et qui ont permis de montrer que ces facteurs de transcription de la classe des homéoprotéines peuvent passer de cellule à cellule en utilisant un mode original de sécrétion et d'interna-lisation. Ajoutons qu'un tel passage a été observé *in vivo* dans le méristème apical des plantes qui fut un des modèles dont Turing s'est servi pour penser sa théorie des morphogènes et trouver une base logique à la disposition des pousses selon une séquence géo-métrique respectant la suite de Fibonacci.

Cela me ramène à Alan Turing et à une lecture plus attentive des considérations théoriques qui se trouvent au début de « The chemical basis of morphogenesis ». Peu après avoir donné une définition très large de ce qu'est un morphogène, qu'on se reporte au début de ce chapitre, il ajoute : « Les gènes eux-mêmes pourraient aussi être considérés comme des morphogènes. Mais ils en forment certainement une classe plutôt spéciale. Ils ne diffusent pas. De plus, c'est seulement par courtoisie que les gènes peuvent être considérés comme des molécules séparées. Il serait plus approprié de les considérer comme des radicaux d'une molécule géante connue sous le nom de chromosome. »

Replaçons ces réflexions dans le contexte de 1952 et, pour s'aider, le lecteur pourra se reporter au chapitre premier. Il est clair qu'on n'a pas encore déterminé la structure de l'ADN et, surtout, qu'on ne sait rien de la transcription des gènes en messagers et de la traduction des messagers en protéines. On ignore donc que si les gènes sont effectivement les « radicaux » d'une molécule géante, ces radicaux sont capables de s'exprimer de façon autonome sous la forme de protéines. Dans le cas des homéogènes qui n'ont pas été découverts et dont on ignore, *a fortiori*, le rôle morphogénétique, leurs produits, les homéoprotéines, sont, dans de nombreux cas, capables d'activer leur propre synthèse. De ce fait, si on ajoute à ces propriétés le passage de cellule à cellule, il devient envisageable de proposer que tout se passe comme si le gène, au sens où Turing l'entend dans l'article de 1952, devenait diffusible parce que la protéine est infectieuse, c'est-à-dire active sa propre reproduction au fur et à mesure qu'elle passe de cellule à cellule jusqu'à ce qu'elle rencontre une autre protéine qui bloque la transcription de son gène. Ce processus, décrit au chapitre III sous le terme de « guerre de mouvement », a aussi l'avantage de lever l'autre obstacle clairement énoncé par Turing, celui de la cellularisation, puisque, dans cet article, tous les calculs sont menés comme si le champ morphogénétique était un syncitium.

Revenons maintenant, pour finir, à l'autre Turing, celui des machines qui pensent. Il semble que les connaissances qui sont les nôtres aujourd'hui, et qui ont été exposées tout au long de ce livre, aient contribué à ouvrir la boîte noire de l'organisme et permettent qu'on ne s'en tienne pas au seul point de vue opérationnel proposé par Turing dans « Computing machinery and intelligence ». L'extraterrestre qui regarderait les hommes et les machines a désormais acquis suffisamment de données, même si celles-ci restent partielles, sur le développement des êtres vivants et leur évolution pour ne pas se tromper sur la nature artefactuelle des machines et ne pas confondre le vivant et le mécanique. Pour sortir du cercle vicieux dans lequel le jeu de l'imitation nous a placés, il faudrait alors donner une définition biologique de la pensée.

CHAPITRE IX

Une définition biologique de la pensée ?

Les avantages d'une définition respectueuse des champs de savoir. La pensée n'est pas une substance et il n'y a pas d'organe de la pensée. Il n'y a pas de pensée sans corps ni de corps sans pensée. Nous n'avons pas d'ancêtre commun avec les ordinateurs. Instinct et intelligence. Les informations des mondes extérieurs et intérieurs modifient la structure cérébrale au cours du développement et chez l'adulte. Le concept d'individu n'est pas le même selon les espèces. Il est dans la nature de l'Homme d'être comme sorti de la nature ou anature. Critique d'un mécanicisme absolu. Évolution et individuation sont des processus sans finalité.

Nombre de savants et philosophes se sont attaqués au problème de comprendre la pensée, voire la conscience. Pour s'en tenir au seul aspect scientifique de la question, ce qui constitue déjà une simplification plus qu'abusive, la tâche est rendue impossible par la diversité et l'hétérogénéité des processus et des significations qui se dissimulent sous ce terme unique de pensée. La lecture du chapitre précédent et l'occasion donnée à la curiosité du lecteur de retourner aux textes de Turing l'auront convaincu qu'on ne peut se satisfaire de parler de « la pensée » sans entrer dans le cadre d'une définition valable à l'intérieur d'un champ scientifique et, pour ce qui concerne ce chapitre, celui de la biologie.

Cette définition biologique de la pensée étant acquise, ou du moins explicitée, il sera toujours temps de la confronter à celles proposées par d'autres champs de savoir pour les comparer, tracer des distinctions franches ou recenser des zones de recouvrement. Ne pas se donner cette méthode, c'est pour une discipline donnée (philosophie, biologie, physique, psychanalyse, intelligence artificielle ou autre) s'octroyer un statut d'universalité et donc donner prise au soupçon d'hégémonisme. Cette attitude, arrogante d'où qu'elle vienne, se trouve à l'origine des discussions – certes passionnantes, mais sans fin – qui caractérisent les nombreux écrits sur cette question impossible si on tente de lui donner une réponse universelle : Qu'appelle-t-on penser ?

À mes risques et périls, mais cela n'engage que moi, je définirai donc la pensée dans un sens purement biologique comme le rapport adaptatif qui lie l'individu et l'espèce à leur milieu. Par adaptatif, je veux dire que les trois termes (le milieu, l'individu et l'espèce) sont tenus de se modifier selon des modalités qui leur sont propres, par exemple par individuation (l'individu) ou par sélection de mutants (l'espèce). Cette définition présente un certain nombre d'avantages. Le premier est qu'elle borne, je viens de le dire, les prétentions hégémoniques de la biologie. On a, l'évidence nous en est fournie par l'histoire culturelle de l'humanité, pensé la pensée, par exemple tenté de dénombrer ses catégories, avant d'avoir eu une idée, même approximative, des processus biologiques impliqués dans le fait de penser. Et même si l'on considère comme souhaitable qu'un philosophe se tienne au courant de l'état des sciences contemporaines, on ne saurait prendre argument contre lui, si tel n'est pas son propos, de ne pas connaître la théorie de l'évolution, d'avoir omis de lire Darwin ou Turing, ou d'être ignorant des principales localisations cérébrales.

Cette définition strictement biologique de la pensée comme rapport adaptatif de l'individu et de l'espèce à leur milieu n'en exclut donc pas d'autres qui pourront être apportées par des champs de savoir différents, comme l'anthropologie, la philosophie ou la psychanalyse. Bien au contraire, cette définition appelle ces disciplines autres, impose qu'une place leur soit faite, le milieu de *Homo sapiens* étant aussi, et même surtout, un milieu culturel, historique, symbolique, etc. Loin des excès d'une certaine sociobiologie prônant l'unicité des savoirs, ce qui est défendu ici est bien leur diversité.

Le deuxième avantage que nous trouvons à définir la pensée comme un rapport adaptatif est interne à la biologie. Cette définition, en effet, élimine la question de la localisation de la pensée, la fameuse question de son siège, problème considéré par Turing comme une énigme et qui a été l'objet de controverses multiples : foie, cœur, cerveau, corps tout entier, génome, le choix est large. Un rapport n'est pas une substance, encore moins une sécrétion, et la pensée – dans notre définition – n'a donc pas de place, pas d'organe privilégié, pas même le cerveau, même si la structure de cet organe participe de façon importante et privilégiée au rapport entre l'individu et son milieu, tout du moins chez les animaux. On répudiera donc ici cette représentation de la pensée comme substance sécrétée par un organe, métaphore qui remonte à Cabanis (« Le cerveau sécrète la pensée comme le foie sécrète la bile ») et qui se donne l'apparence, car ce n'est qu'une apparence, d'un matérialisme définitif, puisque la pensée ne serait plus d'origine métaphysique mais une simple et tangible sécrétion organique.

En effet, malgré son allure de credo matérialiste, la formule de Cabanis, qui entraîne spontanément l'adhésion de tous les esprits progressistes, est trompeuse. Parce que, en effaçant un des termes du rapport, en l'occurrence le milieu, elle sous-estime son influence dans la construction et l'adaptation morphologique et physiologique, à tous les âges de la vie, des organes ayant un rapport privilégié avec la formation de la pensée, au premier plan desquels le cerveau lui-même. J'ai, en effet, consacré de longs passages de ce livre à discuter les données démontrant que la structure cérébrale est le résultat d'une interaction entre les gènes de développement, qui définissent l'appartenance à une espèce donnée, et l'histoire de l'individu porteur de ces gènes et donc appartenant à cette espèce. Histoire sans fin autre que la mort, puisque la formation du cerveau se poursuit jusqu'à cette fin même. À tel point que si on acceptait, avec les émules de Cabanis, de dire que « le cerveau sécrète la pensée comme le foie sécrète la bile », alors ce ne pourrait être qu'à la condition de compléter cet aphorisme en le retournant car il est bien vrai que le cerveau d'un individu donné est, pour une part, construit – sécrété – par son milieu.

Une troisième conséquence de la définition proposée ici est que la pensée incorpore tous les aspects des interactions entre le vivant et son milieu sans restriction aucune sur l'organisme considéré. À ce titre, on doit dire que tout être vivant pense, je dis bien « tout être vivant », n'excluant par là ni les bactéries, ni les plantes, qui entretiennent un rapport d'adaptation avec leur milieu, certes moins élaboré que celui autorisé par l'existence d'un cerveau, mais néanmoins réel et efficace, puisque ces organismes sont là pour en témoigner et que rien ne dit qu'ils ne survivront pas aux métazoaires. On devra donc accepter que s'il n'y a pas de pensée sans corps vivant, il n'y a pas non plus de corps vivant sans pensée.

Certains ici soulèveront le problème des machines. Pourquoi, diront-ils, en rester au seul vivant ? On pourrait effectivement, par jeu, je l'ai fait un peu plus haut, considérer les machines comme des parasites évolutifs et accepter qu'elles aussi pensent, puisqu'elles se reproduisent – à travers *Homo sapiens* – et évoluent, bref qu'elles s'adaptent. La part de jeu est que cette conception ne pourrait être que celle d'un extraterrestre qui examinerait la situation d'un point de vue extérieur et qui ignorerait, contrairement à nous, que nous avons certes un ancêtre commun avec les bactéries, les plantes et les mouches, mais pas avec les ordinateurs. Reste qu'il faut maintenant entrer plus dans les détails puisque nous devrons tenir compte, aussi œcuménique que soit notre définition, des distinctions qui existent, non seulement entre les machines et nous, ce point a été traité, mais surtout entre les différents règnes du monde vivant et les différents embranchements du règne animal. À cette fin, j'aurai recours aux notions d'instinct et d'intelligence que j'emprunte ici à Bergson.

En effet, si nous considérons qu'un individu se définit par l'appartenance à l'espèce et par son histoire individuelle, alors sa capacité d'adaptation repose à la fois sur l'histoire de l'évolution qui a permis que son espèce survive et sur sa propre histoire. La première histoire est génétique, l'espèce étant définie par ces gènes qui transmettent de génération en génération un programme de développement qui a incorporé les instructions morphologiques et certains traits comportementaux instinctifs, par exemple la reconnaissance innée d'un prédateur et l'enclenchement également inné d'un réflexe de fuite. La deuxième est individuelle, inscrite dans la première, elle se traduit par un apprentissage individuel qui, à travers des modifications de la morphologie, surtout cérébrale, permet à l'individu de s'adapter épigénétiquement, par exemple apprendre à reconnaître un prédateur à la suite d'une expérience où on a failli y laisser quelques plumes : « Chat échaudé craint l'eau froide. » Ce processus épigénétique caractérise l'individuation, son importance culmine dans l'intelligence humaine.

Dans ce qui suit, je m'en tiendrai aux métazoaires et surtout aux deux grands embranchements des arthropodes et des vertébrés. J'irai là assez rapidement pour ne pas répéter ce qui a été exposé dans les chapitres III et IV de ce livre ou, avec plus de détails, dans *Les Anatomies de la pensée*. Nous l'avons vu, le plan général du corps est, sous sa forme génétique, inscrit sur un chromosome (chez les arthropodes) ou quatre chromosomes (chez les vertébrés) porteurs des gènes homéotiques (gènes Hox). Chez les arthropodes donc, le complexe homéotique unique (HOM/Hox) est porteur de gènes qui codent des facteurs de transcription de la classe des homéoprotéines. Ces facteurs régulent l'expression d'autres gènes, en particulier des gènes constructeurs des organes. D'avant en arrière du corps, la position des cellules détermine la combinatoire des gènes Hox exprimés, laquelle caractérise le devenir de ces cellules et la forme – mais aussi la fonction – de l'organe construit par ces cellules. Enfin, selon le principe de colinéarité (voir le chapitre IV), l'expression des gènes homéotiques le long de l'axe antéropostérieur du corps est colinéaire à leur position le long de l'axe du chromosome qui se trouve ainsi métaphoriquement doté d'un avant et d'un arrière. C'est pour cette raison qu'il a pu être dit que le plan du corps de la mouche est dessiné à la manière d'un homuncule sur son chromosome.

Pour ce qui est des vertébrés, nous admettrons que le principe est le même mais étendu à quatre complexes (HOM/Hox) et donc qu'ils ont quatre homuncules, probablement acquis à la suite de deux duplications chromosomiques. Enfin, les homologies de structure et de localisation chromosomique démontrent que les deux embranchements ont une origine commune et suggèrent que l'ancêtre commun aurait vécu il y a environ six cents millions d'années.

Notons au passage que ces développements relativement récents sont en accord avec les thèses soutenues par Étienne Geoffroy Saint-Hilaire dans un débat resté célèbre au cours duquel il avait défendu, contre Cuvier, l'existence d'une origine commune aux vertébrés et arthropodes, voyant dans les segments de ces derniers les analogues morphologiques des vertèbres. Profitons-en aussi pour rappeler que ces homologies évolutives, encore appelées orthologies, ne sont pas seulement valables pour les molécules qui définissent l'axe antéropostérieur, mais encore pour celles qui régulent la mise en place de l'axe dorso-ventral et de l'axe droite/gauche, si on peut, pour celui-ci, parler d'axe.

Au niveau du cerveau ou, si l'on préfère, du système nerveux central antérieur (voir chapitre III), on note les mêmes principes de détermination des territoires par des combinatoires de gènes de développement et de conservation d'homologies de structure entre les arthropodes et les vertébrés. Une différence très importante cependant est que ces gènes ne sont pas disposés en complexes sur des chromosomes et que le principe de colinéarité entre organe et chromosome est donc perdu. Cette absence de colinéarité est explicable sans doute par le fait que le système nerveux antérieur se construit par segmentation d'un territoire et non par bourgeonnement et croissance à partir d'une zone de prolifération cellulaire. De ce fait, il n'est pas nécessaire d'assujettir chronologiquement la croissance de l'organe à l'activation progressive de gènes de développement (chapitre IV).

Concentrons-nous un instant sur les vertébrés. Nous avons donc, au tout début du développement, un système antérieur (le cerveau) et un système postérieur (la moelle épinière et les ganglions attenants) dont les constructions obéissent à des principes distincts et qui, d'ailleurs, se mettent en place de façon autonome. Nous avons vu en effet, toujours au chapitre III, que les grandes régions du cerveau sont spécifiées avant que les informations périphériques qui engagent le système nerveux postérieur n'aient été connectées au système antérieur. Cependant, même s'il semble établi que cette définition précoce des aires antérieures se fait indépendamment des afférences sensorielles qui, rappelons-le, passent presque toutes (le système olfactif fait exception) par une structure relais, le thalamus, il reste que la construction fine des représentations nécessite que les informations périphériques arrivent au niveau le plus antérieur du système nerveux. Cela est vrai des différents types d'afférences sensorielles : toucher, goût, vision, audition, olfaction.

On pourra revenir sur les autres modalités sensorielles, mais le système somato-sensoriel qui engage les régions thalamiques et corticales qui répondent aux stimulations somatiques (le toucher) et se connecte sur le système somato-moteur inducteur du mouvement est particulièrement intéressant, et ce à deux titres. D'une part, parce qu'il est fondamental, un animal se définissant d'abord par sa capacité de mouvement. D'autre part, parce qu'il nous force à penser le rapport entre les gènes Hox du système nerveux postérieur et les gènes de développement participant à la construction des réseaux neuronaux antérieurs. En effet, quand on stimule une zone, sur le bras par exemple, on active des neurones sensoriels qui expriment ou ont exprimé une combinatoire de gènes HOX spécifique de la position des neurones stimulés. Cette spécificité se retrouvera au niveau de la moelle épinière où les fibres sensorielles font relais et passent l'information à d'autres neurones qui la transmettent au thalamus, d'où elle repart vers le cortex somato-sensoriel.

Or, si le cerveau « sait » que le point stimulé est cette zone du bras, c'est parce que le cortex somato-sensoriel porte une représentation, à vrai dire deux, du corps sensoriel. Cette représentation correspond à une série de réseaux neuronaux dont l'image globale ressemble – ce sont les homuncules sensoriels de Penfield – à celle du corps lui-même, mis en place par les gènes HOX selon le principe de colinéarité déjà évoqué. Cela est remarquable parce que les gènes de développement qui président à la construction ou plutôt au raffinement de ces représentations somato-sensorielles centrales ne sont pas des gènes HOX. Il faut donc admettre que, d'une façon indirecte, l'activité de ces gènes antérieurs est partiellement gouvernée et coordonnée par les afférences sensorielles. De fait, de nombreuses expériences démontrent que l'intensité de la représentation somato-sensorielle est corrélée à celle de la stimulation corporelle. Non seulement les régions les plus innervées, les lèvres ou la main, sont les plus représentées – ce pourquoi ces homuncules de Penfield, véritables corps cérébraux, ont un aspect monstrueux et déformé par rapport au corps réel –, mais encore la représentation peut être modifiée. Elle augmente si l'organe est stimulé de façon importante et s'atrophie dans le cas contraire.

C'est à ce point de notre discussion qu'il est nécessaire de demander au lecteur de se rappeler les informations données dans le chapitre v sur la question des périodes critiques et sur la possibilité qu'ont des pans entiers du système nerveux central antérieur, le cerveau, de se modifier en fonction de l'expérience, c'est-à-dire, il faut bien y venir, de s'adapter. Cette modification n'est pas seulement le fait d'une variation de l'efficacité de travail des synapses, même s'il s'agit là d'une des modalités d'apprentissage ou de mémorisation. Elle repose pour une part que nous apprécions encore mal, mais qui a très certainement été sous-estimée du fait d'une vision fixiste dominante – les machines de Turing et de von Neumann et la métaphore du cerveau ordinateur n'y sont pas pour rien –, sur le renouvellement des neurones chez l'adulte et sur la plasticité morphologique, c'est-à-dire sur le bourgeonnement ou l'atrophie passagers d'arborisations, la disparition ou la naissance de synapses, le tout en réponse aux stimulations de l'environnement. Insistons ici sur ce point que ces stimulations qui déforment de façon continue la structure cérébrale peuvent être externes, mais aussi internes, c'est-à-dire venir du monde intérieur, le cerveau pouvant se modifier lui-même par l'activité de boucles intracérébrales essentiellement thalamo-corticales et cortico-thalamiques. On retrouvera là l'écho des thèses sur l'origine de la conscience soutenues par un certain nombre de neurobiologistes, dont Gerald Edelman.

Nous avons, chemin faisant, abandonné les arthropodes sur le bord de la route. Revenons à eux pour donner maintenant un sens à cette séparation entre le rameau des arthropodes et celui des chordés dont nous sommes issus. Cette séparation marque le développement, à travers nos ancêtres chordés et vertébrés, d'une logique évolutive donnant, dans le processus adaptatif, une part sans cesse plus importante aux modifications individuelles. Il faut ici être particulièrement clair : cette logique qui fonde l'adaptation sur une modification de l'individu est très certainement une logique d'échappement à un pur déterminisme génétique. Il reste que la mise en place de cette logique d'échappement a nécessité la sélection, au cours de l'évolution, de stratégies de développement et donc de gènes ou d'ensembles de gènes définissant ces stratégies. Il ne saurait donc y avoir de contradiction entre fonder l'adaptation sur un processus épigénétique et être le résultat d'une histoire évolutive liée à la sélection de gènes. D'une façon plus imagée, on dira qu'il est dans la nature – sous-entendu génétique – de l'Homme d'être comme sorti de la nature ou encore anature. Ainsi peuvent se résoudre ces fausses oppositions entre inné et acquis ou nature et culture auxquelles il est souvent, encore aujourd'hui, fait référence.

Mais, bien entendu, en comparaison avec les arthropodes, cette capacité très large d'adaptation par individuation a été encore amplifiée chez les vertébrés par le développement de leur cerveau. De façon éminemment spéculative on pourrait proposer que c'est par l'invention de la plaque neurale, donc du système nerveux plan, et l'élargissement de ce plan dans les régions antérieures du système nerveux qu'est née l'aventure intellectuelle des vertébrés. En effet, un plan ou une plaque, la plaque neurale du chapitre III, offre à la compartimentation et à l'agrandissement des perspectives impensables pour des cerveaux ganglionnaires comme ceux des arthropodes. Les ganglions sont, en effet, assimilables à des boules et leur accroissement de volume pose un obstacle à l'oxygénation des régions profondes et, surtout, soulève des problèmes de poids et de rangement difficiles à résoudre. Par contre, un plan, le cortex humain n'a que 4 mm d'épaisseur pour 2 m² de surface, peut s'accroître sans poser de problèmes d'irrigation et se loger dans la boîte crânienne en se pliant comme en accordéon.

Quelle que soit l'explication des stratégies évolutives et adaptatives distinctes, nous devons accepter que, du côté des invertébrés, la forme adulte de l'organisme vivant et ses comportements soient pratiquement présents dans la structure génétique. La fonction du développement est alors réduite à une exécution déterministe des informations génétiques. Même s'il faut moduler – parce qu'il y a toujours, chez un être vivant, place pour une variation épigénétique –, on dira que, chez les invertébrés, les arthropodes étant, à travers la drosophile, l'exemple choisi, le phénotype est très proche du génotype et que le passage de l'un à l'autre est bref et ne laisse que peu de place à la fantaisie. De ce fait, pour une même espèce, tous les individus qui se définissent par leur seul génome, et très peu par leur histoire individuelle, sont pratiquement, ce qui ne veut pas dire totalement, identiques. À ce titre il est impossible de parler d'individu au sens où nous l'entendons pour les vertébrés et, encore moins, pour l'Homme.

On admettra donc, même si c'est là une forme de simplification, que l'adaptation chez ces espèces, dont l'histoire est évolutive mais dont les individus n'ont pas d'histoire, résulte essentiellement des mutations du génome et de la sélection des clones les mieux adaptés aux milieux. Ne nous y méprenons pas, dans la définition que j'ai donnée au début de ce chapitre, c'est là une forme de pensée. Une pensée tout instinctive, celle du calamar jetant son encre sur un prédateur, d'une abeille s'orientant par la lumière polarisée et construisant les rayons de la ruche ou encore celle du tournesol qui incline ses fleurs en fonction de la position du Soleil. Comment ne pas penser à Bergson qui, dans *L'Évolution créatrice*, fait de la chlorophylle l'équivalent métaphorique du système nerveux des plantes ?

Pour une dernière fois, contemplons la différence avec les vertébrés. Chez eux aussi, l'instinct joue son rôle et il existe une composante comportementale totalement instinctive et fortement contraignante, dans laquelle les hormones, en particulier, prennent une part active. Mais, en sus de ces phénomènes instinctifs, et malgré ce qui est imposé, aux vertébrés comme à tous les êtres vivants, par l'appartenance à l'espèce, le plan génétique laisse une grande liberté aux détails de la construction. Cette liberté est due à l'invention d'un cerveau qui, pour ainsi dire, reste embryonnaire toute la vie, et poursuit sa construction jusqu'à la mort. Pour un vertébré, au niveau cérébral, la distance entre le génotype et le phénotype reste indéterminée. Cette adaptation par individuation culmine avec le cerveau humain et l'invention de la culture et du langage qui sont des instruments inouïs d'individuation par l'importance qu'ils donnent aux interactions sociales dans la construction des individus. Dans ce processus, à chaque instant de sa vie, un individu est déterminé par son histoire, celle de l'espèce et la sienne propre. Mais si le passé pèse ainsi, de tout son poids, sur le futur, celui-ci reste cependant riche d'un nombre infini de possibilités et le chemin qui sera choisi garde une part importante d'imprévisible. Cette forme d'indéterminisme, que certains philosophes, voire quelques physiciens, appelleront peut-être liberté, je me contenterai de la considérer comme la possibilité donnée de s'adapter par individuation, et je la nommerai donc, en opposition à l'instinct, intelligence.

Pour continuer sur la distinction faite entre instinct et intelligence, nous entrevoyons bien maintenant que ces deux aspects de la pensée, au sens biologique de rapport adaptatif, bien que coexistant au sein d'une même espèce, n'ont pas la même importance selon les espèces. Pour en venir à la nôtre, on ne peut qu'insister non seulement sur l'invention du langage mais aussi sur l'augmentation sans précédent de la surface corticale dévolue aux fonctions associatives ou cognitives, le ralentissement du vieillissement cérébral ou le maintien, chez l'adulte, d'une véritable neurogenèse. Tout nous conduit à proposer que *Homo sapiens* représente une espèce unique qui, à la suite de quelques mutations, aura pour ainsi dire creusé, en matière d'individuation, un écart considérable avec ses cousins les plus proches, les autres primates. Notre culture est là qui en témoigne.

Au-delà de cette constatation, on pourra s'essayer à tirer quelques enseignements de notre définition de l'individu humain. Si on pousse la logique du raisonnement à son terme, chaque individu est non seulement unique, mais à chaque instant biologiquement différent de ce qu'il fut l'instant précédent et de ce qu'il sera dans l'instant qui suit. À l'inverse d'une machine, il s'inscrit dans la durée d'une histoire, bref, il n'est jamais parfaitement défini en tant qu'objet, en l'occurrence objet biologique, permanent. Le sentiment de permanence qui habite l'individu humain, la conscience d'être qu'il associe à la possibilité de pouvoir se nommer, à celle d'être nommé, bref à dire « je suis moi et tu es toi », ne correspond donc pas à la seule réalité de l'objet biologique. Il y a donc nécessairement dans l'étude de l'Homme quelque chose qui échappe au réductionnisme biologique.

En effet, si nous admettons, comme c'est généralement le cas depuis Kant, qu'une science, par définition, occupe le terrain de l'universel, nous devons aussi accepter que la biologie doit travailler à élucider les conditions universelles de la construction des singularités, que celles-ci soient des espèces ou des individus, mais qu'il lui est impossible de faire, à elle seule, la théorie d'un individu ou d'une civilisation donnés. Elle ne le pourrait qu'à une seule condition : postuler que le mécanisme étant donné, la fin l'est aussi. Ce qui, nous venons de le voir, est faux, même si le fantasme existe d'un destin tout tracé par la structure génétique et la machine neuronale. À ce fantasme, on ne peut qu'opposer le fait que l'individuation est un processus sans fin, mais aussi sans finalité, dont la compréhension relève de tous les champs de savoir, y compris des disciplines non scientifiques, même s'il revient aux seuls biologistes d'en élucider les mécanismes et les conditions d'existence.

Diversité des savoirs

Une nouvelle idéologie de la nature. Humain/non-humain. Nous ne sommes pas des bêtes, encore moins des mouches. Pour que la sociobiologie ait raison, il faut que le phénotype ne soit pas très loin du génotype ; c'est presque vrai pour certaines espèces, pas pour la nôtre. Anthropocentrisme radical et solitude de l'Homme. Patriotisme et religion de la nature : le sabre et le goupillon.

Le chapitre précédent débouche donc sur la question de l'individuation. Cette question n'est pas neuve, évidemment, et on aura sans doute remarqué qu'elle apparaît de plus en plus souvent au cœur des discussions qui touchent à la nature de l'Homme et aux rapports qu'à travers cette nature supposée il entretiendrait avec la culture et, plus particulièrement, la technique. Dans ce contexte, on se reportera avec profit aux actes du colloque consacré en 1994 à Gilbert Simondon, colloque organisé par mon regretté ami Gilles Chatelet qui, comme Turing, était à la fois mathématicien et philosophe, et, aussi comme Turing, mis, il y a peu, volontairement fin à ses jours.

Les expériences décrites dans divers chapitres de ce livre, en particulier celles qui établissent les homologies de structure, d'organisation et de fonction entre les gènes d'invertébrés, et ceux des vertébrés, y compris pour des domaines importants du système nerveux central, marquent spectaculairement le lien de parenté qui nous unit à l'ensemble du monde animal et démontrent, répétons-le, l'existence d'un ancêtre commun aux arthropodes et aux vertébrés, lequel ancêtre aurait vécu il y a six cents millions d'années environ. Elles semblent donc donner des bases rationnelles à une nouvelle idéologie de la nature. Ses défenseurs et théoriciens réhabilitent la pensée animale, voire attribuent à nos cousins les animaux une âme dont la prise en compte philosophique marque un déplacement, et dans les cas extrêmes un effacement, des frontières entre humains et non-humains. On lira avec intérêt dans ce contexte les ouvrages récents de Joëlle Proust ou d'Élisabeth de Fontenay. Ce déplacement peut servir de base, comme dans l'œuvre du sociologue Bruno Latour, à l'édification d'une politique de la nature et même à une proposition de réorganisation politique des pratiques scientifiques. Ces réflexions philosophiques et sociologiques puisent donc leurs sources dans un mouvement généreux, en particulier à l'égard des vivants non humains et dans une volonté d'enrichir, voire de rénover, le débat démocratique en lui faisant prendre en compte l'importance des pratiques scientifiques et les conséquences qu'elles peuvent avoir sur l'avenir de l'Univers.

Ce souci légitime de penser globalement l'Homme, ou tout vivant, dans la nature prise ici dans un sens qui englobe aussi la culture trouve donc des échos convergents dans diverses disciplines, par exemple dans certaines branches des sciences cognitives, dans la tentative sociobiologique d'un Edward O. Wilson ou d'un Richard Dawkins ou encore dans l'idée plus récente d'une anthropologie de la nature ou d'une ethnologie animale. Une des conséquences attendues de ce brouillage des frontières entre l'humain et le non-humain est une réorganisation des champs disciplinaires. En effet, même si la tentation relativiste d'humaniser les sciences dites dures peut sembler à l'opposé de la volonté sociobiologique de biologiser les sciences dites molles – les sciences cognitives étant partagées entre les deux tendances –, ces tentatives se rejoignent toutes dans un effacement désiré des frontières entre disciplines et plaident donc pour une réorganisation révolutionnaire des champs scientifiques.

C'est la raison pour laquelle il convient sans doute de réfléchir plus avant sur la réalité, le sens et surtout les limites de cet effacement des frontières, humain/non-humain, plantes et micro-organismes compris, voire organique/inorganique, si on veut bien admettre qu'à leur manière, c'est-à-dire d'un point de vue opérationnel, les machines elles aussi pensent. On ne sera d'ailleurs pas étonné de lire, dans Bruno Latour, un plaidoyer pour faire entrer l'inorganique dans le grand collectif démocratique à l'édification duquel nous sommes tous conviés. Dans le cadre de cette réflexion, un ultime retour sur les deux grandes stratégies adaptatives développées par les vertébrés d'une part et les invertébrés de l'autre me paraît devoir s'imposer. Car si la découverte des gènes de développement et surtout celle de leur extraordinaire conservation à travers l'histoire du vivant marquent bien l'appartenance – que nul ne conteste – de l'Homme au fleuve du vivant et l'existence d'un ancêtre commun aux arthropodes et aux vertébrés, il reste que cet ancêtre commun marque aussi l'origine d'une divergence radicale et absolument telle dans l'évolution des stratégies adaptatives.

Dans la distinction entre instinct et intelligence, faite en son temps par Bergson et à laquelle je me suis référé au chapitre précédent, on retrouve deux stratégies adaptatives, deux formes de pensée, qui diffèrent radicalement par le poids qu'elles attribuent à l'individuation dans l'adaptation. Pour revenir sur la définition, purement biologique, de la pensée comme rapport adaptatif entre l'individu et son milieu, les invertébrés ont pour caractéristique principale d'être de presque pures machines génétiques. Cela veut dire en clair que, dans leur adaptation, ce qui relève de l'histoire se limite essentiellement à l'histoire des espèces et que les individus n'ont pas d'histoire, ou si peu, que nous pouvons les considérer, à l'intérieur d'une espèce, comme des clones ou des quasi-clones. En ce sens, on admettra volontiers le point de vue sociobiologique selon lequel ce qui est demandé à un arthropode, c'est de survivre, de se reproduire et de faire passer son arsenal génétique à la génération suivante. Le phénotype d'un invertébré, sa réalisation concrète à partir de son plan, n'est jamais très loin de son imago, c'est-à-dire de son génome. Notons d'ailleurs que, du point de vue de l'espèce, c'est là une stratégie très efficace dès lors que le développement est rapide et la descendance nombreuse.

Cette stratégie des invertébrés se distingue donc de celle qui, après notre séparation, six cents millions d'années déjà, s'est progressivement imposée dans l'embranchement des chordés puis des vertébrés. Tout semble s'être passé comme si, dans cet embranchement, une part de plus en plus importante du processus adaptatif avait progressivement été abandonnée à l'individu. Cette adaptation au niveau individuel n'est pas indépendante de l'adaptation génétique, puisque c'est la sélection génétique de stratégies développementales originales qui a permis que, progressivement, le poids de l'adaptation passe de la mutation de l'espèce à l'histoire des individus, à travers l'augmentation de leurs capacités cognitives. Nous avons vu la place que joue, dans cette stratégie, la plasticité morphologique des cellules nerveuses et même la possibilité de les remplacer tout au long de l'existence. À l'inverse donc de ce qui est la règle chez les invertébrés, où un génome omniprésent ne laisse que peu d'espace à l'individuation, les vertébrés donnent une place de plus en plus importante à l'invention individuelle. Réalisons donc une fois pour toutes que le concept d'individu n'a pas le même sens dans toutes les espèces. Nous ne devons avoir aucun mépris pour les mouches, les deux stratégies adaptatives – celle des invertébrés et celle des vertébrés – sont très efficaces et nul ne peut dire l'avenir évolutif des différentes espèces. Mais que cela soit parfaitement clair pour ceux qui en douteraient encore : nous ne sommes pas des mouches.

Oublions donc les mouches, et tournons-nous maintenant vers les mécanismes qui, à travers le phylum des vertébrés, ont permis le développement de cette adaptation/individuation, de cet échappement à la contrainte génétique, à l'épanouissement en quelque sorte de la liberté épigénétique dont nous jouissons. Au cours de la lecture de cet ouvrage, on se sera peut-être rendu à l'évidence : les gènes de développement ne sont pas tant en cause dans leur structure, les expériences spectaculaires de complémentation génétique entre la souris et la mouche le démontrent, et s'il fallait donner un moteur à cette échappée il serait plutôt à chercher dans la durée et le site de l'expression de ces gènes. On se fera ainsi un vrai plaisir de soutenir la thèse ressuscitée par Stephen Jay Gould selon laquelle un point décisif de notre évolution résiderait dans le ralentissement du développement de certains organes. Cette thèse de la néoténie s'applique particulièrement bien au cerveau des vertébrés dont nous avons vu qu'il est l'objet d'une reconstruction permanente permise par le renouvellement des neurones, la modification de leurs arborisations, la naissance et la mort des synapses. Toutes ces opérations de plasticité morphologique sont liées à l'expression, continuée chez l'adulte, des gènes de développement et, par conséquent, au maintien de propriétés embryonnaires dans des régions cérébrales d'importance majeure du point de vue de la mémoire, en particulier le cortex associatif, le bulbe olfactif, et l'hippocampe. Qui peut d'ailleurs dire, aujourd'hui, et face aux modifications radicales de notre conception du système nerveux, que ce renouvellement est limité à ces quelques régions cérébrales et qu'il n'embrasse pas la totalité de cette structure ? Et s'il l'était par nature, qui peut empêcher qu'il soit mis bon ordre, grâce à la science, à cette limitation ?

Les conséquences de cette plasticité adulte sur le processus d'individuation sont évidentes : elle permet que l'expérience historique des individus s'inscrive, jusqu'à la mort, dans une création morphologique permanente de la substance cérébrale. À cette aune, on avancera la thèse selon laquelle les individus sont des objets biologiques en cours d'individuation ; cette individuation, qui doit prendre en compte la composante génétique, puisque ce sont des gènes qui permettent cette plasticité, s'inscrit épigénétiquement et de façon continue dans la structure du cerveau. Ce double renvoi à la génétique et à l'histoire confirme à quel point la pensée n'est pas une substance ou un mécanisme mais bien un rapport entre l'individu et son milieu, la structure de l'un agissant sur celle de l'autre dans un mouvement de réciprocité. Depuis la naissance d'*Homo sapiens*, la structure de son cerveau n'a donc pas évolué. Contrairement à ce qu'a pu écrire Dawkins, il n'est pas plus *brainy* aujourd'hui qu'hier. Un enfant de l'an 2000 transporté par la pensée à l'époque des peintures rupestres s'y adapterait parfaitement, de même qu'un enfant conçu il y a quarante mille ans, mais ne naissant qu'aujourd'hui ne serait pas autre qu'un enfant de l'an 2000. Le cerveau est une organisation vivante apte non seulement à modifier le monde, mais aussi à s'y adapter.

Nous avons déjà oublié les mouches, et il est temps d'aller plus avant encore dans la voie de ce qu'on pourra dénoncer, à juste titre, comme une forme d'anthropocentrisme radical et de proposer que soit faite une distinction entre l'Homme et les autres vertébrés. Loin de moi la tentation de nier que nous avons un « singe » pour ancêtre, ni – je l'ai assez répété – que nous partageons un lointain parent avec les mouches. Insistons au contraire sur le fait que les animaux ont des cultures et des sentiments et que l'étude de ces parents est nécessaire. Nous sommes darwiniens tout autant quand il s'agit de l'évolution des yeux que quand il s'agit de celle des sentiments et, de ce point de vue, l'ouvrage du père de la théorie de l'évolution, *L'Expression des sentiments chez l'homme et chez les animaux,* est d'une grande richesse prémonitoire. Il reste qu'il serait absurde de nier que, grâce à une organisation génétique définie, encore aujourd'hui, par l'appartenance à son espèce, l'individu humain se construit et se modifie dans une histoire qui – sauf abandon aux loups – est nécessairement sociale, culturelle, linguistique et affective, poussant là le processus d'individuation à un degré qui n'a pas d'équivalent dans la nature. Bref, qu'il est dans la nature de l'Homme de s'être séparé de la nature, d'être véritablement et définitivement anature.

Ce trait évolutif est très récent puisque, fortement lié au langage qui multiplie les possibilités de prise de pouvoir symbolique sur le monde, il est apparu il y a quelque deux cent mille ans seulement. Rien ne dit d'ailleurs qu'il constitue un avantage à long terme et certains pourront y voir, telles les défenses des mammouths, un hypertélisme évolutif qui conduira l'espèce humaine à sa perte. Mais c'est là notre condition et comme il n'y a pas de marche en arrière dans l'évolution, il nous appartient d'en tirer les conséquences philosophiques et de nous montrer critiques dès lors qu'on nous demande de nous soumettre à un ordre naturel, quand notre seule référence est – qu'on s'en réjouisse ou qu'on s'en lamente – un ordre social humain, contingent et historiquement déterminé dans tous les domaines.

Voilà qui, au terme d'un livre dont la teneur est essentiellement biologique, me permet de revenir sur les tentatives de plus en plus pressantes pour restructurer le champ des connaissances ; j'y ai fait allusion plus haut. D'une part, il semble que notre anature rende illégitime de proposer une politique de la nature dans laquelle, conformément aux souhaits de Bruno Latour, nous entrerions dans un collectif démocratique englobant humains et non-humains. D'autre part, nous voulons rester méfiants, quel que soit leur bien-fondé apparent et d'où qu'elles viennent, devant les tentatives d'effacer les distinctions théoriques entre sciences humaines et sciences naturelles, que cet effacement se fasse au profit de celles-ci ou de celles-là, dans un grand mouvement tendant à l'unicité des savoirs pour reprendre le titre d'un ouvrage récent du père de la sociobiologie.

Plus largement, on pourra se demander si, en toute bonne foi et avec les meilleures intentions du monde, la convergence de ces entreprises d'unification ne signifie pas qu'une certaine « résistance » à l'idéologie social-darwinienne, portée par la persistance en France du néo-lamarckisme et permise par l'enracinement d'une tradition philosophique bachelardienne, est en train de craquer. Il serait alors peut-être fondé de nous demander si l'insistance à minimiser la singularité de notre espèce et sa solitude insensée – pour la dissoudre dans un cosmos ou dans un fleuve du vivant qui lui donnerait un sens – ne correspond pas à une résurgence du sentiment religieux fondé sur un patriotisme de la nature et, en quelque sorte, au nom de l'idéal démocratique étendu à la sphère du non-humain, à une nouvelle mouture de l'éternelle alliance du sabre et du goupillon ?

Certains développements de ce livre s'appuient sur des points de vue défendus dans différentes publications.

Le chapitre VI développe certains arguments présentés dans un texte du catalogue de l'exposition « L'Âme au corps » et dans l'avant-propos de la traduction de *On Growth and Form*.

Le chapitre IX prend ses origines dans un texte intitulé « Intelligence et instinct » publié par la revue *Pour la science* dans le cadre d'un numéro spécial sur l'intelligence.

Enfin, on retrouvera dans la conclusion des lignes de réflexion avancées dans un article intitulé « Mourir pour la Nature » publié par la revue *Mazarine*.

Glossaire

ACIDES NUCLÉIQUES : Ce terme couvre à la fois l'acide désoxyribonucléique (ADN) des chromosomes et les différents acides ribonucléiques (ARN). Parmi ces ARN citons les ARN messagers qui transportent le message génétique du noyau au cytoplasme, les ARN de transfert dont le rôle est de décoder le message et de faire correspondre à toute séquence de messager une séquence de protéine et les ARN ribosomaux qui participent à la construction du ribosome, c'est-à-dire de l'appareil de traduction des messages.

ASTROCYTES : Le système nerveux central est composé de neurones et de cellules non neuronales, en particulier de cellules gliales. Les astrocytes constituent une sous-catégorie de cellules gliales. Leur rôle n'est que partiellement connu. Leurs fonctions les plus classiques sont la sécrétion d'un certain nombre de facteurs permettant la maturation et le développement des neurones et la capture du potassium libéré au cours de la transmission de l'influx nerveux. Très récemment, on a suggéré qu'ils puissent se différencier en neurones et donc participer, en plus de leurs autres fonctions, au processus de neurogenèse adulte.

AXONE : Les neurones sont des cellules polarisées. Cela signifie qu'ils présentent plusieurs compartiments cellulaires dont les formes et fonctions sont distinctes. L'axone est un des compartiments du neurone. Il constitue un prolongement de taille variable capable d'établir des contacts synaptiques avec d'autres neurones ou des cellules non neuronales, par exemple celles constituant les fibres musculaires.

BULBE OLFACTIF : Le bulbe olfactif est une structure corticale très antérieure qui reçoit des afférences des récepteurs présents au niveau de la muqueuse nasale. Le bulbe olfactif représente une structure originale, et ce de deux points de vue. D'une part, les neurones sensoriels olfactifs contactent directement leurs cibles cellulaires du bulbe (les cellules mitrales) sans passer par le relais du thalamus. C'est la seule modalité sensorielle dans ce cas. D'autre part, le bulbe est le lieu d'un renouvellement massif, chez l'adulte, des interneurones GABAergiques (qui synthétisent l'acide gamma amino-butyrique comme neuromédiateur).

CELLULES GLIALES : Le système nerveux est composé de neurones et de cellules non neuronales. À l'exception des microglies, ou macrophages cérébraux, d'origine mésodermique, les cellules gliales qui représentent plus de 90 % des cellules cérébrales sont, comme les neurones, des dérivés ectodermiques. Parmi les cellules gliales on distingue essentiellement les astrocytes (voir Astrocytes) et les oligodendrocytes (voir Oligodendrocytes).

CELLULE SOUCHE : Tous les tissus sont le lieu d'une perte cellulaire compensée par un renouvellement. Ce renouvellement s'effectue à partir des cellules souches. La division d'une cellule souche donne une autre cellule souche et une cellule qui s'engage dans une voie de différenciation.

CERVELET : Structure cérébrale postérieure impliquée dans l'équilibre et le comportement moteur. D'autres fonctions ne sont pas à exclure. En raison de sa structure relativement simple et stéréotypée, le cervelet a été pris comme modèle dans de nombreuses études de biologie du développement et d'électrophysiologie.

CHORDÉS : Les chordés sont caractérisés par l'existence d'une structure axiale appelée chorde. Ils se divisent en deux embranchements : celui des vertébrés – le nôtre donc – et celui des céphalochordés. Le céphalochordé le plus célèbre est Amphioxius. Bien que de « notre côté » et non de celui des arthropodes, Amphioxius n'a, comme les arthropodes, qu'un seul complexe Hox alors que nous en avons quatre. Cette position « intermédiaire » entre nous et l'ancêtre commun que nous partageons avec les arthropodes en fait un objet d'études approfondies pour tous les spécialistes d'Évo/Dévo, cette discipline qui marque l'alliance entre les sciences du développement et celles de l'évolution.

CHROMATINE : Protéines et ADN constituant les chromosomes. Parmi ces protéines, les histones (voir Histone) jouent un rôle essentiel.

COLINÉARITÉ : Concept né de l'observation de l'adéquation entre les sites d'expression d'avant en arrière, des gènes des complexes Hox/HOM et la position de ces mêmes gènes sur les chromosomes. Les conséquences de cette idée de colinéarité ont été développées par Denis Duboule (voir référence dans la bibliographie) et résumées dans *Les Anatomies de la pensée*.

CUTICULE : La cuticule est l'épiderme des arthropodes dont la dureté est due à un fort contenu en chitine. Cette carapace protège les organes des arthropodes en même temps qu'elle leur tient lieu de « squelette externe ».

DARWINISME SOCIAL : Conception selon laquelle les performances sociales seraient le résultat d'une sélection naturelle, ce qui conduit à expliquer, et du même coup justifier, les inégalités sociales par des différences de nature, plus précisément par des différences génétiques. Les critiques nombreuses du darwinisme social ne sont pas toujours heureuses, en particulier quand elles nient de façon absolue qu'il existe une composante génétique dans les rapports sociaux. La critique fondamentale que l'on peut faire au darwinisme social est de ne pas apprécier à quel point la construction d'un individu est à la fois liée à son patrimoine génétique, en particulier celui qui marque l'appartenance à

l'espèce, et à son histoire individuelle. C'est chez les vertébrés et au plus haut point chez l'Homme, du fait même de
sa nature sociale extrême, que la part du milieu est la plus
importante dans la construction de l'individu, son individuation. Mais cela résulte des gènes qui caractérisent notre
espèce et on pourra donc avancer qu'il est dans la nature –
génétique – de l'Homme d'être devenu un être dont le cerveau est – dans les limites de l'appartenance à son espèce –
comme sécrété par son histoire, donc par son milieu. Bref,
il est dans sa nature d'être « anature ».

DENDRITE : Les neurones sont des cellules polarisées. Cela
signifie qu'ils présentent plusieurs compartiments cellulaires dont les formes et fonctions sont distinctes. Deux
compartiments principaux existent : les axones et les dendrites. Classiquement les dendrites reçoivent les informations et les axones les envoient. Cette idée de la polarité du
transport de l'influx nerveux est essentiellement simpliste et
rencontre de nombreux contre-exemples. En revanche, la
polarité morphologique est une réalité qui ne souffre pratiquement pas d'exceptions.

DIENCÉPHALE : Au cours de la formation du système nerveux
central antérieur, on distingue le prosencéphale, le mésencéphale et le rhombencéphale ; le prosencéphale, domaine le
plus antérieur, donne naissance au télencéphale et au diencéphale. La région antérieure du mésencéphale se différencie
en tectum où convergent des afférences visuelles et auditives,
et sa région postérieure participe avec l'avant du rhombencéphale (le métencéphale) à la formation du cervelet.
L'arrière du rhombencéphale (myélencéphale) donne la
région pontique. Alors que le télencéphale se différencie en
bulbe olfactif, cortex, striatum et hippocampe, le diencéphale est à l'origine du thalamus et de l'hypothalamus.

DISQUE IMAGINAL : Chez les arthropodes, les organes se déve-
loppent à partir de petits amas de cellules embryonnaires
qu'on appelle disques imaginaux. Il existe par exemple un
disque imaginal de l'aile, de l'œil, etc. Le nom de disque
imaginal s'explique par le fait que l'aile ou l'œil qui se déve-
loppent à partir de ces disques correspondent à l'imago :
image de l'espèce.

ÉPIGÉNÉTIQUE : Ce terme prend ses origines dans une controverse ancienne entre les conceptions préformationnistes de C. Bonnet et celles, épigénétiques, de K. F. Wolff. Bonnet (1720-1793), naturaliste suisse, est un des théoriciens avec A. von Haller (1708-1777) de la théorie préformationniste encore dite des emboîtements. Dans cette théorie, le spermatozoïde ou l'ovule (selon qu'on est spermiste ou oviste) contient le petit d'homme préformé, un homunculus, lequel contient, dans ses propres cellules sexuelles, un petit d'homme, et ainsi à l'infini, de telle sorte que le développement ne serait qu'un agrandissement au sens photographique du terme. *A contrario* les épigénéticiens voient dans le développement le résultat d'un processus graduel de croissance, déformations, différenciations, incompatible avec la théorie préformationniste. Même si la conception épigénétique est plus réaliste que la théorie des emboîtements, le fait que la forme soit héritée, passe de génération en génération, interdit une conception purement épigénétique du développement. C'est le mérite de Balbiani (1825-1899) que d'avoir ainsi défendu la thèse selon laquelle l'épigénitisme ne se conçoit que sur une base atavique, aussi vrai qu'un œuf de poule donnera toujours naissance à une poule.

ÉPISSAGE : Chez les organismes eucaryotes (au noyau bien formé), les ARN messagers (voir Acides nucléiques) sont transcrits à partir de l'ADN sous la forme de précurseurs, les prémessagers, comportant des portions codantes (exons) et des portions non codantes (introns). L'épissage consiste, à partir du prémessager, à déléter les parties non codantes tout en raccordant les parties codantes. Les différentes parties codantes ainsi raccordées constituent le messager qui sera traduit en protéines après passage dans le cytoplasme.

ŒSTRADIOL : Hormone stéroïde dérivée de la testostérone.

GABA : Abréviation anglo-saxonne de acide gamma aminobutyrique. Il s'agit du principal neurotransmetteur inhibiteur du système nerveux central.

GASTRULATION : Une des étapes les plus cruciales du développement au cours de laquelle se mettent en place les trois feuillets embryonnaires : endoderme, mésoderme et ectoderme qui donneront naissance à tous les tissus adultes.

GÉNOTYPE : Le génotype est le caractère d'un individu tel qu'il est défini par ses seuls gènes. La réalisation du génotype, ou plutôt son actualisation, constitue le phénotype de cet individu. À un seul génotype correspond un nombre infini de phénotypes potentiels. En effet le phénotype dépend à la fois du génotype et de l'histoire développementale de l'individu. Le génotype trace donc une enveloppe de destins possibles, en nombre infini, mais ne détermine pas un destin univoque.

GLIE : Voir Cellules gliales.

GLUTAMATE : Principal neurotransmetteur activateur.

HIPPOCAMPE : Structure cérébrale dérivée du télencéphale dorsal et impliquée dans de nombreuses taches cognitives, en particulier la mémoire spatiale.

HISTONES : L'ADN du noyau est organisé en une suite de nucléosomes, structures répétitives d'environ cent cinquante paires de bases. Chaque nucléosome comprend, en plus de l'ADN, un certain nombre de protéines dont huit histones. Le rôle des histones est non seulement de maintenir la structure en nucléosomes mais aussi – et surtout – de régler l'accès à l'ADN, de permettre ou interdire sa transcription, en fonction de modifications touchant leur domaine N-terminal. Ces modifications consistent en l'addition sur cette région des histones de résidus acétyle, phosphate ou méthyle dont la combinatoire constitue un véritable code. Ce code peut être conservé à travers la mitose et même la méiose (voir méiose), ce qui est à l'origine d'une possibilité de transfert à travers les générations cellulaires d'une forme d'hérédité épigénétique (voir Épigénétique).

HOMÉOBOÎTE : Les gènes à homéoboîtes codent des facteurs de transcription, les homéoprotéines, qui se fixent sur l'ADN grâce à une région de la protéine appelée homéodomaine. Cet homéodomaine est long de soixante acides aminés et est donc lui-même codé par une région du gène longue de 180 nucléotides (un triplet de nucléotides code pour un acide aminé). C'est cette séquence de 180 nucléotides qu'on appelle l'homéoboîte. L'homéoboîte, découverte dans le laboratoire de Walter Gehring, a ceci de remarquable qu'elle est extrêmement conservée non seulement entre gènes homéotiques ou homéogènes d'une même espèce, mais aussi à travers différentes espèces. C'est sur la base de cette conservation qu'à partir des premières séquences obtenues ont pu être identifiés tous les homéogènes actuellement connus.

HOMÉOGÈNE : Les homéogènes ou gènes homéotiques ont été découverts chez la mouche à partir de mutations spectaculaires conduisant à la transformation de tout ou partie d'un organe d'un segment en l'organe homologue d'un autre segment, l'antenne en patte ou l'œil en aile, par exemple. Sur la base de la conservation de la séquence de l'homéoboîte, de nombreux gènes ont été identifiés qui appartiennent à cette famille. On distingue cependant, traditionnellement, les gènes à homéoboîte des gènes homéotiques, car tous les gènes porteurs de ce domaine n'ont pas forcément une fonction homéotique telle qu'elle est définie par la transformation d'un organe en organe homologue.

HOMÉOSE : Transformation homéotique (voir Homéogène).

HOMUNCULE : La première définition de l'homuncule est à rechercher dans la théorie des emboîtements (voir Épigénétique). Avec Penfield l'homuncule a gagné le système nerveux dans la mesure où des représentations du corps sont présentes à différents niveaux de la structure cérébrale. Plus récemment, le principe de colinéarité a permis de dessiner sur les chromosomes porteurs des complexes homéotiques des représentations du corps (une chez les arthropodes et quatre chez les vertébrés) qui sont aussi des homuncules, génétiques cette fois. La relation entre les homuncules génétiques, le corps et les homuncules cérébraux a été l'objet d'une discussion approfondie dans *Les Anatomies de la pensée*.

HYPERTÉLISME : Phénomène évolutif de développement d'un trait conduisant à la perte, par excès, de son caractère avantageux du point de vue de la sélection naturelle. Un cas classique d'hypertélisme est la défense des mammouths dont on suppose que le développement exagéré a pu constituer un handicap en milieu forestier.

IMAGO : La forme même de l'espèce, ce qui la caractérise au-delà des différences entre individus.

INDIVIDUATION : Le développement individuel est un processus historique au cours duquel l'expérience de l'individu se marque dans plusieurs structures physiques. Les modifications épigénétiques de l'ADN (voir Histones et Épigénétique) contribuent à l'individuation, mais c'est le caractère plastique, sur le plan morphologique et synaptique du cerveau, qui constitue le moteur essentiel de l'individuation. L'individuation ne cesse qu'avec la mort.

INDUCTION : Au cours du développement embryonnaire, l'engagement d'un tissu ou d'un groupe de cellules dans une voie de différenciation déterminée repose sur le phénomène d'induction. Un système d'induction est constitué d'un tissu inducteur et d'un tissu induit. Le tissu inducteur sécrète des molécules inductrices, facteurs protéiques qui se fixent sur les récepteurs des tissus induits et déclenchent une série de réactions dont l'aboutissement est une modification de l'expression génétique et donc du programme de différenciation du tissu induit. La période d'induction dépend de l'état de développement des deux tissus, elle est donc limitée dans le temps et l'espace.

INDUCTION NEURALE : Parmi les systèmes d'induction (voir Induction), l'induction neurale est la plus « célèbre ». Elle a été découverte dans les années 1930 par Mangold et Spemann. Ces embryologistes expérimentaux ont démontré qu'une région mésodermique mise au contact de l'ectoderme avait la vertu de dorsaliser cet ectoderme et de lui donner un « destin nerveux ». Cette observation a été suivie d'une chasse à l'inducteur qui a duré presque soixante-dix ans puisque les mécanismes inducteurs ne sont pas encore compris dans leur totalité. Par contre un concept nouveau apparu au cours de cette « chasse » est que l'induction neurale procède d'une levée de l'inhibition. En fait l'ectoderme dorsal a une propension à donner spontanément du système nerveux (on dit que c'est sa voie de différenciation par défaut) mais il en est empêché. L'induction neurale lève cette inhibition.

INFORMATION : L'abus de ce concept ne doit pas en cacher la richesse et, en particulier, son rattachement, à travers la théorie de l'information, au deuxième principe de la thermodynamique. Le chapitre II de ce livre donne, je l'espère, les éléments nécessaires à la compréhension de la place du concept d'information en biologie.

INTERNEURONES : Les neurones sont toujours, ou presque, des maillons d'une chaîne ou, si l'on préfère, des éléments d'un réseau. On pourrait donc dire que tous les neurones sont des interneurones. Cependant ce terme désigne une classe particulière de petits neurones qui ne projettent jamais à une grande distance, restant confinés localement, par exemple à l'intérieur d'une couche du cortex. En cela ils diffèrent des neurones dont les axones ou dendrites (voir les définitions de ces deux termes) sont capables de relier des régions distantes du cerveau ou du corps. Les interneurones sont le plus souvent GABAergiques (voir GABA) et, dans certaines régions du cortex, ont la capacité de se renouveler à partir de cellules souches adultes.

LATÉRALISATION : La latéralisation désigne l'asymétrie entre les côtés droit et gauche du corps. L'exemple le plus connu de latéralisation est celui du cerveau. Cependant l'ensemble du corps est latéralisé. La latéralisation commence extrêmement tôt, probablement avant l'induction neurale. L'approche génétique a permis de disséquer toute une cascade de gènes impliqués dans ce phénomène et de proposer que c'est le mouvement asymétrique de cils localisés au niveau de la zone responsable de l'induction neurale (voir Induction neurale) qui, déplaçant localement des molécules inductrices, est le premier moteur de cette latéralisation. Le terme de moteur est ici bienvenu puisque les cils sont effectivement motorisés et ne battent que dans un sens, ce qui provoque l'asymétrie de localisation des molécules. Des mutations dans le système moteur de ces cils conduisent à la non-latéralisation ou à la latéralisation aléatoire d'organes normalement situés à gauche ou à droite, comme le cœur ou le foie.

LIGNAGE : Toutes les cellules procèdent de l'œuf. On peut donc dire que les deux cents types cellulaires qui composent un organisme ont une relation de parenté. Étudier le lignage d'une cellule consiste donc à retracer ses liens de parenté avec les autres cellules.

LIQUIDE CÉPHALO-RACHIDIEN : Le système nerveux central est à l'origine un tube et, malgré les modifications que ce tube subit au cours du développement, la lumière du tube reste présente d'avant en arrière du système nerveux. Les cellules épendymaires qui bordent ce tube sécrètent le liquide céphalo-rachidien, celui-là même qui est prélevé lors des ponctions lombaires, et le font circuler grâce au battement de leurs cils. Ce liquide est rapidement renouvelé et ses composés signent l'état physiologique cérébral. Les composants du liquide n'ont pas un accès direct au cerveau, ils lui sont extérieurs. Le passage vers le cerveau est soumis à la surveillance du plexus choroïde qui agit comme un détoxificateur.

MÉIOSE : Division cellulaire s'accompagnant d'une réduction du nombre de chromosomes par deux. Les produits cellulaires de la méiose sont les cellules sexuelles ou gamètes (spermatozoïdes et ovules) qui, du fait de cette réduction, ne contiennent qu'un seul jeu de chromosomes, et dont le génome est dit haploïde. Lors de la fécondation, la fusion des gamètes conduit à la formation de l'œuf ou zygote qui récupère deux jeux de chromosomes, un paternel et un maternel, et dont le génome est donc diploïde.

MITOSE : Division de la cellule sans réduction du nombre de chromosomes.

MORPHOGÈNE : La définition stricte de morphogène est « substance créatrice de formes ». Au cours du temps cette définition a été l'objet de toutes sortes de restrictions et mises en garde dogmatiques. Le concept est discuté dans le chapitre « Turing et les gradients morphogénétiques ».

MUTATION : Modification de l'ADN par altération, délétion ou addition d'une ou plusieurs bases. Ces modifications qui altèrent directement le message sont distinctes d'autres modifications, par exemple des méthylations de l'ADN qui font partie du processus physiologique normal de régulation de l'activité des gènes.

NÉOTÉNIE : La néoténie est définie par un état de maturation sexuelle dans un organisme non pubère, voire embryonnaire. Par extension, le concept a été étendu au niveau des organes. On dira, par exemple, que le cerveau, parce qu'il a gardé des caractères embryonnaires, est un organe néoténique. L'idée de néoténie a joué un rôle important dans la théorie de l'évolution dans la mesure où l'apparition de nouvelles formes peut être liée au ralentissement ou à l'accélération locale (au niveau d'un organe ou d'une partie d'organe) du processus développemental. On a dit que l'homme était un singe néoténique du point de vue de sa pilosité, de la non-opposition du pouce et des doigts pour ce qui est des membres inférieurs et de la position antérieure du vagin chez la femelle. En effet ces trois caractères sont retrouvés chez le singe embryonnaire qui, au contraire de l'Homme, les perd au cours de son développement.

NEUROMÉDIATEUR : Les cellules nerveuses communiquent entre elles par l'intermédiaire de substances chimiques appelées neuromédiateurs (l'étymologie du terme apparaît clairement). Ces neuromédiateurs, synthétisés par les neurones, sont empaquetés dans des vésicules qui, en fusionnant avec la membrane présynaptique, les libèrent dans la fente synaptique. Le neuromédiateur libéré se fixe sur des récepteurs au niveau post-synaptique et déclenche la réponse de la cellule nerveuse. Cette réponse est soit une dépolarisation (neuromédiateur excitateur comme le glutamate), soit une hyperpolarisation (dans le cas d'un neuromédiateur inhibiteur comme le GABA). Il existe un grand nombre de neuromédiateurs, les plus connus sont le glutamate, le GABA, la dopamine, l'acétylcholine et les endorphines, neuromédiateurs peptidiques à activité analgésique. Les neuromédiateurs, leurs récepteurs ou leurs systèmes de recapture sont le lieu d'action de nombreuses drogues à usage thérapeutique ou récréatif comme le Prozac, le

Valium, la L-dopa, la morphine, les neuroleptiques, la cocaïne, le LSD, le cannabis, etc.

NEUROSPHÈRE : Les cellules souches adultes ou embryonnaires du système nerveux peuvent être cultivées in vitro. Quand elles sont cultivées en suspension, elles prolifèrent sous la forme de sphères flottantes appelées neurosphères. Après adhésion à un substrat, ces sphères constituées de cellules souches indifférenciées se différencient en neurones, astrocytes et oligodendrocytes.

NEUROTRANSMETTEUR : voir Neuromédiateur.

OLIGODENDROCYTES : Le système nerveux central est composé de neurones et de cellules non neuronales, en particulier de cellules gliales. Les oligodendrocytes constituent une catégorie de ces cellules gliales. Leur rôle principal est de fabriquer une couche de myéline qui entoure les axones des fibres myélinisées. La myéline, qui est constituée de la membrane des oligodendrocytes enroulée plusieurs fois autour de l'axone, est un isolant électrique qui permet une transmission très rapide de l'influx nerveux. Toutes les fibres du système nerveux ne sont pas myélinisées. Certaines maladies comme la sclérose en plaques sont dues à des dégénérescences de la myéline.

ONTOGENÈSE : Synonyme de développement.

PATRON : Terme de couturier désignant le plan du vêtement, les lignes de la découpe. En biologie, le patron désigne le plan de l'organisme ou les sites d'expression de gènes, en particulier des gènes de développement. En effet, c'est sur la base de ce « patron » d'expression que se construit l'embryon.

PATTERN : Terme anglo-saxon pour patron (voir Patron).

PÉRIODE CRITIQUE : Au cours du développement, période au-delà de laquelle un système biologique perd irréversiblement certaines propriétés.

PHAGE : Virus bactérien.

PHÉNOCOPIE : Phénotype mimant une mutation génétique. Par exemple, la maladie d'Alzheimer d'origine familiale résulte de mutations dans certains gènes. Elle est alors une maladie génétique. Mais, dans la plupart des cas, cette maladie est sporadique et n'est donc pas liée à une mutation. Le résultat (le phénotype de démence) est le même. On dira alors que la maladie sporadique est une phénocopie de la maladie génétique.

PHÉNOTYPE : voir Génotype.

PLAQUE NEURALE : Au cours de l'induction neurale (voir définition), l'ectoderme dorsal est partiellement transformé en futur système nerveux. Cette région neuralisée de l'ectoderme est la plaque neurale. Cette plaque est internalisée et donne le tube neural à partir duquel se développe le système nerveux central.

PRÉMESSAGER : voir Épissage.

PROTÉINE INFECTIEUSE : Ce terme a été popularisé récemment par les travaux sur le prion et, surtout, par l'intérêt porté à l'encéphalite spongiforme bovine, maladie due à un agent infectieux de la famille des prions. Classiquement, les agents infectieux, micro-organismes bactériens ou virus, transportent leur matériel génétique, leur génome, et utilisent l'hôte qu'ils infectent pour la réplication et l'amplification de ce génome. Les prions fonctionnent différemment. En effet, ils existent sous deux formes, une forme normale exprimée dans les cellules nerveuses à partir du génome de ces cellules et une forme pathogène qui n'existe pas normalement dans le cerveau. Cette forme pathogène diffère de la forme normale par sa conformation en feuillets ß. Cette forme en feuillets ß, pathogène donc, a comme propriété d'induire la transformation des formes normales en formes pathogènes. D'une certaine façon on peut donc dire qu'elle se reproduit comme se reproduit une structure cristalline qui organise une structure amorphe en structure cristalline. C'est cette induction de la transformation morphologique qui est à l'origine du concept de protéine infectieuse. La protéine n'apporte pas son matériel génétique mais transforme en protéine pathogène une protéine normalement exprimée, même si sa fonction n'est pas connue, et codée par le génome de l'hôte. Dans ce livre j'ai utilisé le terme de protéine infectieuse dans un autre sens, pas très éloigné cependant. Celui d'une protéine qui, libérée par une cellule et capturée par des cellules voisines, serait capable de promouvoir sa propre synthèse dans la cellule hôte qui à son tour la sécréterait, etc.

PROTÉOME : Ensemble des protéines d'une cellule.

PROTOPLASME : Cytoplasme.

RECOMBINAISON : Terme désignant la coupure (ou rupture) d'un fragment d'ADN et sa réassociation avec un autre fragment. La recombinaison se produit de façon importante au cours de la méiose et est à l'origine de la création de diversités. Elle est aussi la cause de nombreuses mutations. Sur le plan biotechnologique elle est utilisée pour fabriquer des organismes dont des gènes ont été délétés.

STRIATUM : Structure cérébrale sous-corticale (sous le cortex) dérivée du télencéphale (voir Diencéphale). Le striatum est impliqué dans la régulation du comportement moteur. Cette fonction motrice est illustrée par les maladies de Parkinson et de Hungtington. L'origine de la maladie de Parkinson est la dégénérescence des neurones dopaminergiques qui innervent le striatum et son traitement le plus courant est l'ingestion de L-dopa qui permet de restaurer le contenu du striatum en dopamine. La maladie de Hungtington est due à une dégénérescence des interneurones GABAergiques du striatum. On ne connaît pas de traitement à cette maladie génétique dont l'origine est une modification de la structure d'un gène codant pour une protéine de fonction inconnue, la hungtingtine.

SUITE DE FIBONACCI : Suite de nombres caractérisée par le mathématicien italien Fibonacci (1170-1240). Chaque nombre de la suite est obtenu en ajoutant les deux nombres qui le précèdent dans cette suite. La suite est donc : 1, 2, 3, 5, 8, 13, 21, etc. La disposition des feuilles dans certains bourgeons « respecte » cette suite, comme si la structure mathématique était inscrite dans le vivant.

SYNAPSE : Voir Neuromédiateur.

SYNCITIUM : Structure multinucléée née de la fusion de nombreuses cellules. Les fibres musculaires striées sont des syncitium avec une seule membrane et un très grand nombre de noyaux. Tout au début de son développement, l'embryon de drosophile est organisé en syncitium non pas parce que les cellules ont fusionné, comme dans la fibre musculaire, mais parce que les noyaux ont proliféré à l'intérieur de la cellule initiale. L'organisation de l'embryon en syncitium cesse à l'étape de cellularisation quand chaque noyau s'entoure d'une membrane.

TÉLENCÉPHALE : Voir Diencéphale.

THALAMUS : Structure cérébrale dérivée du diencéphale (voir Diencéphale). Cette structure offre l'intérêt particulier d'être la voie d'entrée de toutes les afférences sensorielles, à l'exception des afférences olfactives (voir bulbe olfactif).

TRADUCTION : Terme désignant la traduction de l'ARN messager en protéines (voir Acides nucléiques).

TRANSCRIPTION : Terme désignant la transcription de l'ADN en ARN messager (voir Acides nucléiques).

TRANSCRIPTOME : L'ensemble des ARN messagers d'une cellule.

TUBE NEURAL : Voir Plaque neurale et Diencéphale.

VENTRICULE : Voir Plaque neurale et Liquide céphalo-rachidien.

VIBRISSES : Ensemble de terminaisons sensorielles nerveuses disposées à la surface du museau de la souris et évoquant des « moustaches ».

Bibliographie

Acampora D., Simeone A., Understanding the roles of *Otx1* and *Otx2* in controlling brain morphogenesis, *Trends Neurosci.*, 1999, 22, p. 116-122.

Alvarez-Buylla A., Theelen M., Nottebohm F., Birth of projection neurons in the higher vocal center of the canary forebrain before, during, and after song learning, *Proc. Natl. Acad. sci. USA*, 1988, 85, p. 8722-8726.

Barres B.A., A new role for glia : generation of neurons, *Cell*, 1999, 97, p. 667-670.

Bergson H., *L'Évolution créatrice*, Paris, Presses Universitaires de France, 1941.

Bernard C., *Principes de médecine expérimentale*, Paris, Presses Universitaires de France, 1947.

Bernard C., *Leçons sur les phénomènes de la vie communs aux animaux et aux végétaux*, Paris, Vrin, 1966.

Brillouin L., *Vie, matière et observation*, Paris, Albin Michel, 1959.

Child C.M., The physiological gradients, *Protoplasma*, 1928, 5.

Clarke D.L., Johansson C.B., Wilbertz J., Veress B., Nilsson E., Karlström H., Lendahl U., Frisen J., Generalized potential of adult neural stem cells, *Science*, 2000, 288, p. 1660-1663.

COHEN-TANNOUDJI M., BABINET C., WASSEF M., Early determination of a mouse somatosensory cortex marker, *Nature*, 1994, 368, p. 460-463.

D'ARCY THOMPSON W., *On Growth and Form*, Cambridge and New York, Cambridge University Press and Macmillan Company, 1942, 1ʳᵉ éd. 1917.

DARWIN C., *The Origin of Species*, Londres, John Murray, 1859.

DARWIN C., *The Expression of the Emotions in Man and Animals*, Chicago & Londres, The University of Chicago Press, 1965.

DAWKINS R., *Le Gène égoïste*, Paris, Éditions Odile Jacob, 1996.

DAWKINS R., *The Extended Phenotype*, Oxford, New York, Oxford University Press, 1999, 1ʳᵉ éd. 1982.

DE BEER G., *Embryos and Ancestors*, Oxford, Clarendon Press, 1958, 1ʳᵉ éd. 1940.

DE FONTENAY E., *Le Silence des bêtes. La philosophie à l'épreuve de l'animalité*, Paris, Fayard, 1998.

DUBOULE D., Temporal colinearity and the phylotypic progression : a basis for the stability of a vertebrate Bauplan and the evolution of morphologies through heterochrony, *Development*, Supplement 1994, p. 135-142.

EDELMAN G.M., *Neural Darwinism. The Theory of Neuronal Group Selection*, New York, Basic Books, 1987.

EDELMAN G.M., TONONI G., *Comment la matière devient conscience*, Paris, Éditions Odile Jacob, 2000.

GEHRING W., *La Drosophile aux yeux rouges*, Paris, Éditions Odile Jacob, 1999.

GOLDSCHMIDT R., *The Material Basis of Evolution*, New Haven et Londres, Yale University Press, 1982, 1ʳᵉ éd. 1940.

GOULD S.J., *Ontogeny and Phylogeny*, Cambridge, The Belknap Press of Harvard University Press, 1977.

GURWITSCH A., Über den begriff des embryonalen feldes, *Arch. f. Entw. Mech.*, 1922, 51, p. 383-415.

HAECKEL E., *Histoire de la création des êtres organisés d'après les lois naturelles*, Paris, C. Reiwald et Cie, 1874.

HALDANE J.B.S., *On Being the Right Size*, Oxford, Oxford University Press, 1985.

HIRTH F., REICHERT H., Conserved genetic programs in insect and mammalian development, *BioEssays*, 1999, 21, p. 677-684.

HODGES A., *Alan Turing. The Enigma of Intelligence*, Londres, Burnett Books Ltd in association with the Hutchinson Publishing Group, 1983.

HODGES A., *Alan Turing. A Natural Philosopher*, Londres, Phoenix, 1997.

HODGES A., *Turing*, New York, Routledge, 1999, 1re éd. 1997.

JACOB F., *La Logique du vivant*, Paris, Gallimard, 1970.

JEANMONOD D., RICE F.L., VAN DER LOOS H., Mouse somatosensory cortex : alteration in the barrelfield following receptor injury at different early postnatal ages, *Neuroscience*, 1981, 6, p. 1503-1535.

LASSÈGUE J., *Turing*, Paris, Les Belles Lettres, 1998.

LATOUR B., *Politiques de la nature. Comment faire entrer les sciences en démocratie*, Paris, La Découverte, 1999.

LE DOUARIN N., *Des chimères, des clones et des gènes*, Paris, Éditions Odile Jacob, 2000.

LORENZ K., *L'Homme dans le fleuve du vivant*, Paris, Flammarion, 1981.

MEYER A., SCHARTL M., Gene and genome duplications in vertebrates : the one-to-four (-to-eight in fish) rule and the evolution of novel gene functions, *Curr. Opin. Cell. Biol.*, 1999, 11, p. 699-704.

MONOD J., *Le Hasard et la Nécessité*, Paris, Le Seuil, 1970.

MORGAN T.H., *Embryology and Genetics*, New York, Columbia University Press, 1934.

NEUMANN J. VON, *Théorie générale et logique des automates*, Paris, Champvallon, 1996.

NEUMANN J. VON, *Le Cerveau et l'Ordinateur*, Paris, Flammarion, 1996.

PENROSE R., *L'Esprit, l'Ordinateur et les Lois de la physique*, Paris, InterÉditions, 1993.

PEYRET J.-F., VINCENT J.-D., *Un Faust. Histoire naturelle*, Paris, Éditions Odile Jacob, 2000.

PORTUGAL F.H., COHEN J.S., *A century of DNA. A history of the structure and function of the genetic substance*, Cambridge, The MIT Press, 1978.

PROCHIANTZ A., *Les Stratégies de l'embryon*, Paris, Presses Universitaires de France, 1988.

PROCHIANTZ A., *Claude Bernard, la révolution physiologique*, Paris, Presses Universitaires de France, 1990.

PROCHIANTZ A., Le mystère D'Arcy, *L'Âme au corps*, Paris, Réunion des musées nationaux, 1993.

PROCHIANTZ A., D'Arcy Thompson, zoologiste géomètre, *Forme et Croissance*, Paris, Le Seuil, 1994.

PROCHIANTZ A., *La Biologie dans le boudoir*, Paris, Éditions Odile Jacob, 1995.

PROCHIANTZ A., *Les Anatomies de la pensée*, Paris, Éditions Odile Jacob, 1997.

PROCHIANTZ A., Intelligence et instinct, *Pour la science*, 1998, 254, p. 34-37.

PROCHIANTZ A., Messenger proteins : homeoproteins, TAT and others, *Curr. Op. Cell. Biol.*, 2000, 12, p. 400-406.

PROCHIANTZ A., Mourir pour la nature, *La Mazarine 2000*, mars 2000, p. 4-12.

PROUST J., *Comment l'esprit vient aux bêtes*, Paris, Gallimard, 1997.

RUBENSTEIN J.L.R., SHIMAMURA K., MARTINEZ S., PUELLES L., Regionalization of the prosencephalic neural plate, *Annu. Rev. Neurosci.*, 1998, 21, p. 445-477.

SCHMALHAUSEN II, *Factors of Evolution : The Theory of Stabilizing Selection*, Philadelphie, Philadelphia Blakiston Co, 1949.

SCHRÖDINGER E., *Qu'est-ce que la vie ?*, Paris, Christian Bourgois, 1986.

SERRES M., *Traduction*, Paris, Les Éditions de Minuit, 1974.

SIMEONE A., Positioning the isthmic organizer where Otx2 and Gbx2 meet, *Trends Genet*, 2000, 16, p. 237-240.

SIMONDON G., *L'Individu et sa genèse physico-biologique*, Paris, Presses Universitaires de France, 1964.

SIMONDON G., *L'Individuation psychique et collective*, Paris, Aubier, 1989.

SMITH FERNANDEZ A., PIEAU C., REPÉRANT J., BONCINELLI E., WASSEF M., Expression of the *Emx-1* and *Dlx-1* homeobox genes define three molecularly distinct domains in the telencephalon of mouse, chick, turtle and frog embryos : implications for the evolution of telencephalic subdivisions in amniotes, *Development*, 1998, 125, p. 2099-2111.

SPEMANN H., MANGOLD H., Über induktion von embryonalanlagen durch implantation artfremder organisatoren, *Arch. f. mikr. u. Entw. Mech.*, 1924, 100, p. 599-638.

SPEMANN H., *Embryonic development and induction*, New Haven, Yale University Press, 1938.

THE I., PERRIMON N., Morphogen diffusion : the case of the wingless protein, *Nature Cell Biology*, 2000, 2, p. E79-E82.

THOM R., *Modèles mathématiques de la morphogenèse*, Paris, Union Générale d'Édition, 1974.

TURING A.M., *La Machine de Turing*, Paris, Le Seuil, 1999.

TURING A.M., Systems of logic based on ordinals, *Proc. Lond. Math. Soc.*, 1939, 45, p. 161-228.

TURING A.M., Computing machinery and intelligence, *Mind*, 1950, 59, p. 433-460.

TURING A., The chemical basis of morphogenesis, *Phil. Trans. B.*, 1952, 273, p. 37-72.

TURING A., WARDLAW C., A diffusion reaction theory of morphogenesis in plants, *Collected works of A. M. Turing*, Amsterdam, P. T. Saunders, 1953, p. 37-47.

ULINSKI P.S., *Dorsal Ventricular Ridge, a Treatise on Forebrain Organization in Reptiles and Birds*, New York, John Wiley, 1983.

WADDINGTON C.H., *New Patterns in Genetics and Development*, New York, Columbia University Press, 1962.

WEISS P., *L'Archipel scientifique*, Paris, Maloine, 1974.

WILSON E.O., *L'Unicité du savoir*, Paris, Robert Laffont, 2000.

WOLPERT L., Positional information and the spatial pattern of cellular differentiation, *J. Theoret. Biol.*, 1969, 25, p. 1-47.

Index

Logique : 23, 82, 98, 124, 127, 128, 129, 132, 133, 149, 164, 168.

Loi : 17, 38, 44, 46, 104, 107, 110, 115, 116, 119, 125, 134, 135, 143.

Loren : 7.

Luria : 22.

Lwoff : 22, 36.

Machine : 9, 14, 32, 37, 40, 43, 85, 101, 102, 123, 124, 126, 127, 128, 129, 130, 131, 132, 133, 134, 135, 137, 138, 168.

Machine-esprit : 9, 14, 40, 123, 129, 138.

Main : 33, 78, 80, 81, 162.

Maladie : 70, 85, 88, 92, 98, 99, 100.

Mammifères : 54, 55, 56, 68, 69, 70, 75, 86, 92.

Mangold : 52.

Matérialisme : 156.

Mathématique : 8, 10, 12, 24, 103, 105, 107, 114, 115, 116, 117, 124, 125, 128, 132, 139, 143, 144.

Matière molle : 8, 103, 107, 113, 115.

Maturation : 23, 97, 98.

Maxwell : 39, 40, 42.

McCarty : 21.

McLeod : 21.

Mécanique : 25, 36, 40, 91, 112, 126, 128, 135, 151.

Membrane : 66, 67, 139, 140, 145, 146, 147, 148.

Membre : 22, 47, 75, 77, 80, 81, 82, 115, 118.

Mémoire : 18, 31, 101, 176.

Mémorisation : 92, 97, 163.

Mendel : 17, 19, 47, 106, 108, 119.

Mésoderme : 51, 52, 53, 75, 86.

Métazoaire : 33, 149, 157, 158.

Métaphysique : 105, 107, 156.

Méthode : 36, 39, 41, 43, 114, 115, 117, 137, 154.

Miescher : 15, 16, 18, 19, 25, 46, 47, 104.

Migration : 72, 87, 89, 90, 91, 93.

Milieu : 11, 15, 23, 33, 37, 42, 43, 47, 94, 105, 154, 155, 156, 157, 166, 174, 177.

Modification : 11, 21, 23, 24, 27, 31, 46, 60, 69, 88, 98, 99, 107, 109, 110, 119, 149, 158, 163, 164, 176.

Module : 63, 64, 75.

Moelle épinière : 56, 76, 77, 86, 161, 162.

Monod : 22, 36.

Monstre : 26, 47, 73, 74, 119.

Morgan : 15, 20, 23, 26, 73, 104, 109, 119.

Morphogène : 9, 65, 66, 67, 139, 140, 141, 142, 143, 144, 145, 146, 148, 149.

Morphogenèse : 9, 10, 33, 82, 87, 103, 108, 112, 116, 121, 122, 124, 139, 143.

Morphologie : 25, 46, 74, 87, 105, 106, 107, 108, 158.

Mort : 9, 11, 38, 44, 46, 49, 72, 101, 106, 107, 108, 123, 124, 156, 166, 176, 177.

Mouche : 20, 29, 30, 51, 53, 54, 55, 57, 66, 73, 159, 176.

Multidisciplinaire : 8.

Mutation : 21, 24, 27, 54, 55, 74, 120, 121, 141, 175.

Nature : 7, 12, 13, 14, 15, 20, 21, 22, 23, 37, 41, 42, 76, 99, 101, 107, 109, 110, 115, 129, 151, 153, 164, 171, 172, 173, 177, 178, 179, 180.

Néo-cortex : 69, 70.

Table

Imprimé par Lightning Source France
1 avenue Gutenberg
78310 Maurepas

N° d'édition : 7381-0916-Y